CLOTHING
MATERIALS
SCIENCE

服装
材料学

主　编／肖琼琼　罗亚娟

副主编／汤　橡　秦　臻

中国轻工业出版社

图书在版编目（CIP）数据

服装材料学 / 肖琼琼，罗亚娟主编. —北京：中国轻工
业出版社，2021.2
普通高等教育"十二五"规划教材
ISBN 978-7-5184-0394-3

Ⅰ. ① 服… Ⅱ. ① 肖… ②罗… Ⅲ. ① 服装—材料—高
等学校—教材 Ⅳ.① TS941.15

中国版本图书馆CIP数据核字（2015）第119442号

内容简介

　　服装材料学是一门理论与实践相结合的学科。在服装的发展中，服装材料已成为重要的不可缺少的因素，服装材料的特点以及性能对服装设计、服装工艺等起着至关重要的作用。本教材主要从理论基础和实践上来讲解，在理论基础方面主要阐述服装用纤维原料、织物分类、结构特征、服用性能及纺织工艺基础知识，还包括服装辅料、面料的选择应用及服装的保养和整理等理论知识。在实践方面主要阐述服装材料在服装设计中的应用以及服装面料的二次造型设计。注重服装材料理论与实际应用相结合，以适应服装发展的需要。

责任编辑：秦　功　李　红　　责任终审：劳国强　　封面设计：锋尚设计
版式设计：锋尚设计　　　　　责任校对：李　靖　　责任监印：张　可

出版发行：中国轻工业出版社（北京东长安街6号，邮编：100740）
印　　刷：北京画中画印刷有限公司
经　　销：各地新华书店
版　　次：2021年2月第1版第3次印刷
开　　本：889×1194　1/16　　印张：9
字　　数：290千字
书　　号：ISBN 978-7-5184-0394-3　　定价：45.00元
邮购电话：010-65241695　传真：65128352
发行电话：010-85119835　85119793　传真：85113293
网　　址：http://www.chlip.com.cn
Email：club@chlip.com.cn
如发现图书残缺请直接与我社邮购联系调换
210102J1C103ZBW

主编：

肖琼琼　罗亚娟

副主编：

汤　橡　　秦　臻

编委会成员：

肖琼琼　（湖南女子学院）

罗亚娟　（湖南电子科技职业学院）

汤　橡　（湖南女子学院）

秦　臻　（湖南女子学院）

王　娇　（长沙理工大学）

闵红燕　（湖南电子科技职业学院）

李　燕　（湖南电子科技职业学院）

廖　珍　（湖南女子学院）

周　丹　（湖南女子学院）

向开瑛　（湖南女子学院）

陈庆菊　（湖南涉外经济学院）

肖宇强　（湖南女子学院）

前 言
Preface

　　服装材料学是一门理论与实践相结合的学科。在服装的发展中，服装材料已成为不可或缺的要素，且服装材料的特点以及性能对服装设计、服装工艺等起着至关重要的作用。随着我国服装工业和服装教育的迅速发展，对服装专业人员的专业素质提出了更高、更全面的要求。本书主要从理论基础和实践上来讲解，在理论基础方面主要阐述服装用纤维原料、织物分类、结构特征、服用性能及纺织工艺基础知识，还包括服装辅料、面料的选择应用及服装的保养和整理等理论知识。在实践方面主要阐述服装材料在服装设计中的应用以及服装面料的二次造型设计等。注重服装材料各方面的理论与服装的实际应用相结合，以适应服装发展的需要。

　　本书结合国内外服装文化和服装产业的发展对于当代设计人才的实际需求，注重系统性和科学性，对于健全我国的服装文化体系和提高服装设计整体实力具有重要的促进作用。在结构体系上，一方面，本书注重知识体系的系统性和科学性；另一方面，本书更注重教材的实用性。全书共分为八个章节，包括绪论、服装材料的原料、服装用织物、服装面料的介绍、服装面料的鉴别、服装辅料、服装材料的洗涤、熨烫与保养、服装面料的二次造型设计。理论部分与实践部分相结合，尽量避免其他同类教材中出现的不足，采用图文并茂的形式来编写，书中大量的彩色图例便于学生更直观地认识不同的面料。本书最大的特点是呈现了大量且全面的各种面料彩色图例，以及面料二次造型设计实例图片，给人以强烈的直观感受，有助于加强概念的理解。

　　本书主编是湖南女子学院肖琼琼教授，湖南电子科技职业学院服装教研室主任罗亚娟老师，副主编为湖南女子学院汤橡老师、秦臻老师，参编人员有闵红燕、李燕、廖珍、周丹、向开瑛、陈庆菊、肖宇强等老师。由于编者水平有限，时间仓促，谬误之处还请广大读者朋友批评指正。

　　本书是从事服装工作，如设计、营销、管理等人员的必读教材，更是高等院校、高职、中专等服装和纺织设计专业的专门教材。同时，也可作为服装业余爱好者的阅读和参考资料。

编者

2015年5月

目 录
Contents

第一章

绪论

Chapter

01

材料学是研究服装面料、辅料及其有关系的纺织纤维、纱线、织物的结构、性能以及服装衣料的分类、鉴别及保养等知识、规律和技能的一门学科。

一、服装的概念、功能及构成

服装从狭义上讲是指人们穿在身上遮蔽身体和御寒的东西；从广义上讲，是衣服、鞋、帽的总称，有时也包括各种装饰物，但服装一般专指衣服。

服装的功能分为两大类：一是自然功能；二是社会功能。具体表现在实用功能、装饰功能、遮羞功能、标识功能等。其中，实用功能、装饰功能是服装最主要的功能。服装实用功能是指蔽体御寒，保护皮肤清洁，有利于身体健康。服装的装饰功能体现在服装的流行色彩美、图案精致美、款式韵律美、材料质地美、装饰物件美上。服装的遮羞功能则以人类社会的伦理道德为基准，与社会的礼仪习俗和意识形态密切相关。

服装是由款式、色彩和材料这三个要素构成的。材料是最基本的要素。服装的构成离不开材料，服装的功能依赖于服装材料的功能来实现。服装材料的发展，引领着服装的变迁，也创造了服装文化的历史。

二、按其作用分类

服装材料是指构成服装的一切材料。服装材料按其在服装中的用途分成服装面料和服装辅料两大类。服装辅料与面料的协调配合，在服装设计和制作中越来越受到重视。

（一）服装面料

服装面料指的是服装表面的主体材料。常用的服装面料有纺织服装面料（机织物、针织物、非织造布、编织物）和非纺织服装面料（毛皮和皮革等）。服装面料的成本占整件服装原料成本的大部分，而且显露在外，是体现服装设计意图的重要部分。

1. 机织物

用两组纱线（经纱和纬纱）在织机上按照一定规律相互垂直交织成的片状纺织品。它又可按纤维原料、纱线类型、织物结构、颜色花型和后整理的不同区分为许多小类。

2. 针织物

用一组或多组纱线通过线圈相互串套的方法勾连成片的织物。它可以生产一定幅宽的坯布，也可以生产一定形状的成品件。按生产方式不同又可分为纬编针织物和经编针织物两类。

3. 非织造布

以纺织纤维为原料经过粘合、熔合或其他化学、机械方法加工而成的薄片或毛毡状制品。

4. 编织物

编织物是指纱线用结节互相连接或钩编、绞编等手法制成的制品，如网、花边、绳带等。

5. 毛皮

又称裘皮，是经过鞣制的动物毛皮，由皮板和毛皮组成。

6. 皮样

经过加工处理的光面或绒面动物皮板。

（二）服装辅料

服装辅料是指除面料之外的其他所有的服装材料，包括里料、衬料、絮填料、垫肩、缝纫线、花边、纽扣、拉链、绳、带、钩、袢等。

1. 里料

里料是服装最里层，用来部分或全部覆盖服装反面的，使服装的反面光滑、美观、穿脱方便、增加保暖性的材料。

2. 衬料

衬料是介于面料与里料之间起支撑作用的服装材料。

3. 絮填料

絮填料是介于面料与里料之间起隔热作用的服装材料。

三、服装材料的重要性

服装是包括覆盖人体躯干和四肢的衣服、鞋帽和手套等的总称，也指人着装后的状态。对服装设计师和服装制造商而言，设计和制造的服装必须能够产生利润才能算是成功。要产生利润，服装必须能销售出去，同时还必须保证服装的平均售价高于服装制造成本和销售成本之和。服装设计师和服装制造商要设计和制造出适销对路的服装，重要的一环就是服装材料的合理选择，既要考虑服装材料的表面色泽、纹理和图案效果，又要考虑服装材料的造型能力，还要考虑服装材料的成衣加工性能、服用性能和舒适性及功能，最后必须满足预定的性能成本比。

对服装消费者而言，买一件衣服总要物有所值，要有良好的性能价格比，还要适用才行，否则就会造成浪费。而能否做到这一点，与服装消费者的审美能力和对服装材料的了解程度密切相关。

由于人们所处的自然环境和社会环境不同、出席的场合和从事的活动不同，年龄、性别和品位不同，因此服装有多种类别和风格。而不同类别和风格的服装对服装材料的性能除了一些共同的基本要求之外，还有能满足适合特定条件穿用的特殊要求。因此，很难说某种服装材料绝对比另一种服装材料优越，正所谓合适的才是最好的。要正确地选择所需的服装材料，既要明确对具体服装类别的性能和美学的要求，又要了解各种服装材料的性能特点，在此基础上，才能正确选择可以满足这些要求的服装材料。

服装材料是构成服装的物质基础，服装的功能性是依赖于服装材料的功能来实现的，服装材料创造了服装丰富的文化历史，引领着服装潮流的变迁。服装具有装饰、保护和礼仪功能，既要满足人体生理、物理和心理需要，又要达到装饰、审美的效果。

当今的时尚以简约为主导核心，流行的立体服装面料受到建筑和雕塑艺术的影响，追求多维性视觉形象创造，通过褶皱、折叠等多种方法，使织物的表面产生肌理效果，加强了面料的立体外观，使服装具有外敛内畅的效果。

在面料上添加各种精巧而别出心裁的珠片、刺绣、反光条、花边、丝带等手法使本来平淡无奇的面料平添精致优雅的艺术魅力。更大限度地发挥材质视觉美感的潜力。服装材料艺术在不同材质之间的组合搭配上，用对比思维和反向思维的方式，打破视觉习惯，以不对称美为追求目标，把金属和皮草、皮革与薄纱、透明与重叠、闪光与亚光等各种材质加以组合，产生出人意料的出位效果。

服装材料在服装的设计、加工、穿着、营销、保管等方面起着重要的作用。服装的造型、色彩、结构、图案等是受服装材料制约的，设计者必须合理选择和巧妙运用服装材料，才能更好地体现设计意图，表现设计风格。

同时，特殊材料的应用还延伸到了佩饰配件的各个方面，加强服装表现力，反映社会文化及彰显独特性和创造性。因此，打开思维，广泛而有效地运用各种材料为服装艺术的探索开辟了更广阔的空间。

第一节　研究服装材料学的意义

随着服装工业发展和技术的进步，我国已成为世界服装生产大国，我们的服装品牌已逐渐为世人所熟知。但是，与欧美发达国家相比，我们的服装还存在较大差距。分析原因，不难发现，高科技附加值产品已成为当今世界服装工业发展的趋势，服装产品的竞争，归根到底是材料的竞争。因此，掌握最基本的服装材料知识，将成为服装专业人士抓住契机，把握时尚，领导潮流的根本要素所在。

作为服装专业的学生，更应具备服装材料的系统知识，这是服装教育发展的需要，更是推动服装学科向前发展的需要。因此，服装材料学是服装专业教育的重要主干专业基础课程。

第二节　服装的功能和对材料的要求

一、服装的功能

人类的着装行为具有多重意义，这就形成了人类生活的各种目的和需求，也就产生了服装的各种功能和作用，服装的诸多功能在人类漫长的发展历程中，随着文明的进展和文化形态的变迁，不断得以发展和丰富，从而形成了今天复杂多样的衣生活形态。

人类的生存需求可归纳为面对严酷的自然环境而保存自身的生理需求以及面对复杂的社会环境表现自己、扩张自己、改变自己的心理需求。服装的功能也可以归纳为生理与心理两个方面，前者是人类在自然环境中生存所必需的，后者是人类作为社会适应人文环境而必需的。换句话说，服装的功能可以分为自然功能和社会功能两大类。具体表现在服装的实用、美化、遮羞、象征和经济等功能。

（一）服装的实用功能

实用功能是服装的首要功能，也是基本功能，它是指服装对人体的保温、保护和适应肢体活动的生理性功能。具体包括以下三个方面。

1. 御寒隔热，适应气候变化

与人类着装有关的气候要素有温度、湿度、风、辐射、雨雪等，其中气温与人体表面散热有着极为密切的关系。气候有冷热寒暑之别，季节有春夏秋冬之分。人类为了适应气候的变化，服装也就有春夏秋冬的不同。根据不同的气候、气温，人们分别选择不同的服装以适应其变化。

2. 保护皮肤清洁，有利于身体健康

人体正常的新陈代谢作用会不断排泄汗液等分泌物，人们生活或工作在自然界里，尘埃和病菌会污染人的皮肤。服装则起到了隔离尘埃和病菌并不断吸收分泌物的作用。

3. 遮蔽人体，不受伤害

通过衣物来保护人的肉体不受外物伤害是服装狭义上的护身功能，它可以分为对自然物象的防护和对人工物象的防护，前者除了对自然气候的适应外，还有对人类接触外物时肌体遭到碰撞、摩擦引起的伤害和其他动物攻击的防护。由于人类进化而失去体毛，也就是失去了具有防护功能的动物的皮肤，因此，包裹在人体皮肤之外的这个保护层——衣物，就责无旁贷地充当着动物的皮肤的防护职责和功能。一些针对来自人造环境伤害的防护服就应运而生，如劳动保护、体育保护、战争保护和日常保护服等。

总之，服装的实用功能就是保护人体不受伤害，满足人们参加各类活动时的穿着需要。进一步讲，人们穿着服装是为了适应自然、改造客观世界、促进人类社会不断地发展和进步。

（二）服装的美化功能

服装的起源学说有美化一说，俗话说："佛靠金装，人靠衣装。""三分长相，七分打扮。"这说的是服装的美化作用。

服装的审美包含两个方面的含义：一方面是衣物本身的材质美、制作工艺美和造型美；另一方面是着装后衣与人浑然一体、高度统一而形成的某种状态美。只有当这两方面的内容相互协调，高度统一时，才可能形成服装的美化功能。

1. 适体美观，给人以美的享受

服装的穿着是一门美化人体的艺术，能为人体增光添彩。尤其是现代服装非常重视人体某些部位的突出与表现，结合穿着者的年龄、体型、性别、性格、肤色等，使服装与人体协调、和谐，从而带来美感。

2. 修饰人体体型，弥补体型不足

人体体型存在差异与不足，可以在服装设计、制作与穿着过程中加以弥补与改善。

（三）服装的遮羞功能

以人类社会的伦理道德为基准，把人体的某些部位遮掩起来，这是人类特有的羞耻心，是人类文明的一种表现。盖哪个部位，遮盖到什么程度等，因不同时期、不同地区而不同。

因此可以说，服装的遮羞功能实际上是使人们心理上得到平衡的具体表现。

1．不同时期的不同要求

服装的遮羞功能与社会的礼仪习俗和意识形态密切相关。如亚马逊丛林中苏亚部落的妇女，一点也不因裸体感到羞耻，但是如果被外人看到唇盘不在应在的位置，才会感到难堪。

2．逐步发展和完善

服装的遮盖开始只是遮盖男女的性器官，体现了人类本能的直接需要，带有原始的朴实色彩。随着人类文明的进步，文化艺术素养的提高，服装遮盖功能逐步发展变化。

3．穿着不当时的羞涩心理

服装穿着如果不合时宜、不合场合，穿着者也会产生羞涩心理，即一种不和谐的现象。

二、服装功能对面料的要求

从面料为服装提供的各种功能中，除去特定要求配合的标识、装扮这一部分的功能，并且把加工服装对面料的要求加上去，我们可以把服装对面料的要求概括为以下几点：

（1）具有一定的覆盖能力。

（2）具有良好的卫生保健性能。

（3）具有适应穿着需要的变形能力。

（4）具有较好的赋型效果。

（5）具有相当的使用寿命。

（6）具有良好的可加工性能。

以上列举的这些从服装功能中归纳出来的服装对面料的要求，事实上反映的就是使用者对面料的服用要求。

第三节　服装材料的发展趋势和新型服装材料

一、服装材料的发展趋势

纵观服装材料的发展、演变过程，可谓人类文明发展史的记录仪，科学技术进步的量度计。自有人类以来，兽皮和树叶便成为御寒遮体之物，这就是最早的服装材料。随着人们对大自然的探索，对生存环境的逐步了解，渐渐从自然界中提取更多的材料用于制衣御寒，即现在所称的天然纤维原料——棉、毛、丝、麻等。用麻织布大约开始于公元前5000年的埃及，棉花的使用则开始于公元前3000年的印度，我国是著名的丝绸发源地，据《诗经》《礼记》等古书记载，早在商周时代就已有了绫、罗等丝织物。大约在2300年前"制丝"技术已日趋成熟，不仅广泛应用和盛行于当时的中国，还远销东南亚和欧洲，创造了举世闻名的"丝绸之路"。与此同时，出现了织物染色，《吕氏春秋》中说："墨子见染素丝者而叹曰：染于苍则苍，染于黄则黄，所入者变其色亦变"。可见当时的染色工匠和染坊已有一定的水平。服装材料的发展，经历了非常缓慢的历史过程，直到19世纪中下叶产业革命才使服装及其材料得到了迅速发展。人们在继续使用自然界本身所具有的各种材料的同时，又创造了许多自然界所没有的服装材料，人造纤维长丝便是最早出现的人工制造材料，从此，各种新型的服装材料不断涌现，速度很快，开始和推动了化学纤维工业的发展。化学纤维发展从英国1905年正式投产第一家黏胶纤维厂起，到1925年已成功地生产了黏胶短纤维。而合成纤维的诞生则始于美国杜邦公司在1938年制造的尼龙纤维，到1950年，又一种腈纶纤维在美国宣布研究成功，三年后，涤纶纤维再告投放市场。仅短短的几十年间，化学纤维已从无到有，并进一步发展为与棉、毛等天然纤维在消费领域里平分秋色，从而改变了千百年来传统纺织服装原料的结构格局。

随着人们生活方式的转变、空调的普遍使用和气候变暖，人们对健康和生活品质要求的提高和环保意识的日益增强，人们对服装材料的要求与过去相比有了较大的变化。而且随着科学技术的进步，近年来总有新产品问世。天然纤维材料对纤维改变组分、物理的或化学的改性以及新材料的采用，产生了如全棉能抗皱、羊毛能机洗、真丝不褪色、亚麻手感软等新产品；化学纤维进步，有纤维素纤维升级、高弹纤维利用、微元生化纤维、远红外纤维制品开发等，使化纤新品种大大增加；加之对织物采用物理的、化学的或生物的新工艺、新方法，使服装材料具有防水透湿、隔热保暖、吸汗透气、阻燃、防蛀、防霉、防臭、防污、抗静电等性能，为舒适服装、健康服装、卫生服装和防护服装等功能服装提供了新材料。

近几年，服装材料的发展趋势主要有以下几个特点：

（1）对牢度特性的要求有所降低，对美学特性的要求提高。

（2）强调舒适性。

（3）强调易护理性。

（4）突出轻薄化。

（5）强调保健性、安全性和环保性。

（6）突出功能性。

（7）要求面辅料配套化。

二、服装材料的发展前景

如今的服装材料，已称得上百花齐放、百家争鸣，发展速度可谓日新月异，新品种不断得以开发，新功能不断得以实现，因此，服装材料不断地更新换代，应用范围日趋广阔。现在21世纪是"材料世纪"，为了能正确地把握服装材料的发展趋向，以适应人们对材料的需求；也为了能正确把握时装潮流，以适应越来越激烈的市场竞争，有必要对近年来服装材料的发展特点及未来趋势进行分析，更好地掌握其发展变化规律。

（1）服装材料由衣着用领域为主转向衣着用、装饰用和产业用三大领域"鼎立"的局面。随着人们生活水平的提高，现代化生活的需要，使窗帘、台布、地毯、毛毯等装饰材料的需求逐年增加，而交通运输、土建、消防等产业部门，对材料提出了高强、过滤等特殊要求，促使材料进行更新换代。

（2）衣着服装材料向着天然纤维化纤化、化学纤维天然化的方向改进。天然纤维除保持本身的吸水、透气、舒适等优点外，还使其具有抗皱、弹性等性能。化学纤维则进行仿生化研究，使织物具有仿棉、仿毛、仿丝、仿麻、仿鹿皮、仿兽皮的效果。

（3）服装材料具有高档轻薄化的发展特点，以提高服装及其织物的外观风格和服用性能。采取在原料选用、织物结构、色彩流行等方面的不断改进，得到高档细薄型织物、各种仿绸织物等，以适应消费水平的提高。

（4）服装材料向高科技化发展，增加技术含量，以提高服装的附加值。通过各种物理、化学改性、改形及整理方法，使服装材料具有防水透湿、隔热保暖、阻燃、抗静电、防霉、防蛀等特殊功能，以满足特殊场合的需要。

（5）服装材料向方便化发展，以适应快节奏的现代化生活。针织服装因能保持色彩鲜艳和良好的松紧弹性而得到青睐，休闲系列则因穿着潇洒大方而不失舒适，因而得到流行。

总之，面对如今的"材料"世纪，现代服装材料的应用发展前景广阔。我们有理由相信它完全能满足新世纪服装对材料的需求，不断地创造流行，使人们的生活锦上添花。

三、新型高科技服装面料

21世纪纺织面料的发展强调以人为本，强调服装的服用性，因此大量的新型高科技服装面料应运而生。

（一）高功能面料

（1）超防水织物。普通的雨衣可以防止雨水的渗透，但不利于排除汗水和水蒸气。透湿防水面料改变了这一缺点，利用水蒸气微粒和雨滴大小的极大差异，在织物表面贴合孔径小于雨珠的多孔结构薄膜，从而使雨珠不能穿过，而水蒸气、汗液却能顺利通过，有利于透气。

（2）阻燃面料。采用阻燃纤维或经阻燃剂与树脂特殊加工整理而成的具有良好阻燃性能的面料，对火焰有一定的阻燃效果。适合制作各种阻燃防护服及宾馆装饰地毯。

（3）变色面料。能随光、热、液体、压力、电子线等的变化而变色的面料。它是将变色材料封入微胶囊分散到树脂液中涂于布面制成的。可用来制作交通服、游泳衣等，起到安全防护的作用，也可制作舞台装，起到五彩斑斓、神秘的效果。

（4）抗静电面料。采用亲水整理或加导电纤维的方法，使面料具有导电性，这种面料不易吸灰、抗静电，很适合制作地毯和特种工作服如防尘服等。

（5）保温面料。采用碳化锆系化合物微粒子加入尼龙和涤纶纤维中，使其高效吸收太阳能并转换为热量的一种面料，即远红外保温面料。提高了保温性，对在寒冷环境中使用的服装很有实际意义。

（6）抗菌除臭面料。该面料具有抑制纤维上细菌繁殖、产生除臭效果的功能，且对人体及环境安全。主要用途有短袜、汗衫、运动服、床上用品、病房用品、室内装饰织物等。

（7）香味面料。是将香味封入特殊的胶囊中再黏附于织物而制成的面料。在穿用过程中，微胶囊因摩擦破损，香料从中慢慢向外散发，给人轻松、愉快感。

（8）紫外线屏蔽面料。将陶瓷粉末加入纺丝原液中而制得的防紫外线面料。除可用作服装面料外，多用于运动服、长统袜、帽子、阳伞的材料。

（二）高感性面料

（1）超蓬松面料。采用超细易收缩混纤丝生产的超过真丝的丰满感的织物，即市面上的重磅真丝类面料。其蓬松程度可根据收缩差大小任意改变。

（2）"丝鸣"面料。为模仿真丝织物穿着过程中因摩擦而发出的"丝鸣"声制成的纤维截面为花瓣型的合纤面料，这种面料具有很好的"丝鸣"声，可用来治病。

（三）高技术面料

（1）"洗可穿"面料。即免烫抗皱面料，采用特殊树脂整理剂进行整理而获得的服装形态尺寸稳定，洗后褶皱线条保持不变的永久性记忆面料。目前，全棉免烫衣料及洗可穿羊毛织物的整理工艺都已较成熟。

（2）涂层砂洗面料。是国际上目前较为流行的面料。一般先在真丝面料上涂一层颜色，制成服装后再砂洗。面料具有柔软、飘逸感强、色泽柔和的特点，很受广大青年的喜爱。

（3）凉爽羊毛。采用低温等离子体处理羊毛，使羊毛表面鳞片刻蚀，从而提高和改进羊毛的透湿透气及手感光泽，达到夏季贴身穿用的目的。

（4）桃皮绒。采用超细纤维制得的表面浮有细、短、密绒毛，形状似水蜜桃表皮的织物。其色彩鲜艳，有真丝绒的柔软感和透湿性能，有化纤的挺括、免烫特点，因而得以流行。主要用做西服套裙、夹克、风衣及休闲、轻便装。

（四）医用材料

（1）中空黏胶纤维材料因具有吸水性好、可溶解、强度高等特点，除作为衣用外，还常用作医疗卫生材料，作人工肾渗透膜、病毒分离膜等。

（2）壳质类纤维材料因具有与纤维素不同的生物体内消化性，作为医用材料受到重视。它已在手术缝合线、伤口包扎等领域得到了积极应用。

（3）胶原纤维材料是一种明胶和骨胶材料，可利用酶对不溶性的胶原进行处理，得到可溶性的胶原。它的生物适应性不言而喻，因为它与人体组织器官中的蛋白质是一致的，具有无抗原性、生物体吸收性、膜及纤维强度高等特点。目前已开始运用于医用材料方面。

随着经济的发展，我国服装业已处在世界的领先行列中，而材料同高科技一样也是迅猛发展的，可以说服装业21世纪是材料的世纪。高科技附加值产品已成为当今世界服装工业发展的趋势，服装产品的竞争，归根到底是材料的竞争。因此，掌握服装材料知识，了解服装材料的发展前景，不断将高科技运用于服装材料的创新开发中，将成为服装专业人士的光荣使命。

思考与练习

① 简述服装材料的分类。
② 研究服装材料的意义何在？
③ 服装在功能方面对面料的要求有哪些？
④ 服装材料的发展前景如何？

Chapter

02

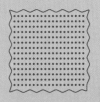

第二章

服装材料的原料

服装材料是构成服装的本质特征，是组成服装的三大要素（色彩、款式、材质）之一。服装材料的原料有很多种，如：纤维、塑料、皮革、陶瓷、金属等。其中数量最大、与服装关系最密切的就是纤维。

第一节　纺织纤维的定义和分类

一、纺织纤维的定义

纤维是存在于自然界中的细长物质，长度可以达到几厘米甚至上千米，它的直径可以是细到几微米，具有一定的强度、柔软性以及服用性能。

纺织纤维是具有一定的使用性能和纺织加工性能的纤维，是服装材料的最基本原料。它具有吸湿性、保暖性、绝热性、可染色性等性能。了解、掌握纺织纤维的基本性能，对服装材料的选择、服装款式的设计、服装成衣的加工以及保养和洗涤都具有十分重要的意义。

二、纺织纤维的分类

纺织纤维的分类体系有多种，按其来源可分为天然纤维和化学纤维两大类。

天然纤维是指直接或间接地从自然界中形成或者通过人工栽培的植物纤维和人工饲养的动物纤维，如：棉、麻、丝、毛、石棉等。

化学纤维是以天然高聚物或合成高聚物，通过物理或化学方法用人工制造出来的。化学纤维可分为人造纤维和合成纤维，如：黏胶纤维、涤纶纤维、锦纶纤维、氨纶纤维、醋酯纤维、玻璃纤维、金属纤维等。

（1）天然纤维是自然界原有的，或从经人工培植的植物中、人工饲养的动物中获得的纺织纤维。根据它的生物属性又可分为植物纤维、动物纤维和矿物纤维，如表2-1-1所示。

表2-1-1　天然纤维分类

天然纤维	植物纤维（天然纤维素纤维）	种子纤维：棉、木棉
		茎皮纤维：苎麻、黄麻等
		叶纤维：剑麻等
		果纤维：椰子纤维
	动物纤维（天然蛋白质纤维）	动物毛：羊毛、兔毛、牦牛毛等
		丝：桑蚕丝、柞蚕丝等
	矿物纤维	石棉

（2）化学纤维是用天然的或合成的高聚物为原料，主要经过化学方法加工制造出来的纺织纤维。按原料、加工方法和组成成分的不同，又分为再生纤维、醋酯纤维、合成纤维

和无机纤维四类。

①再生纤维：再生纤维素纤维、黏胶纤维、醋酯纤维、铜氨纤维、竹纤维。

②化学纤维：再生蛋白质纤维、蛹蛋白纤维、牛奶丝纤维、大豆蛋白纤维、玉米纤维。

③合成纤维：涤纶Polyester（Terylene）（T）、锦纶Polyamide（Nylon）、腈纶Acrylik（A）、维纶Vinylon（V）、氨纶（Lycra）（L）、丙纶Polypropylene、氯纶Chloro。

④无机纤维：以矿物质为原料制成的纤维，如：玻璃纤维、金属纤维等。

三、常用纺织纤维的性能特征

1. 植物纤维

主要组成物质是纤维素，又称为天然纤维素纤维。是由植物的种子、果实、茎、叶等处获得的纤维。根据在植物上成长的部位的不同，分为种子纤维、叶纤维和茎纤维。

（1）种子纤维：棉、木棉等，如图2-1-1，图2-1-2所示。

（2）叶纤维：剑麻、蕉麻等。

（3）茎纤维：苎麻、亚麻、大麻、黄麻等，如图2-1-3，图2-1-4所示。

2. 动物纤维

主要组成物质是蛋白质，又称为天然蛋白质纤维，分为毛和腺分泌物两类。

（1）毛发类：绵羊毛、山羊毛、骆驼毛、兔毛、牦牛毛等，如图2-1-5，图2-1-6所示。

（2）腺分泌物：桑蚕丝、柞蚕丝等，如图2-1-7，图2-1-8。

3. 矿物纤维

主要成分是无机物，又称为天然无机纤维，为无机金属硅酸盐类，如石棉纤维。

4. 化学纤维

化学纤维分为人造纤维和合成纤维两种。其中人造纤维是用木材、草类的纤维经化学加工制成的黏胶纤维；合成纤维是利用石油、天然气、煤和农副产品作原料制成的合成纤维。

人造纤维其性能与合成纤维相比，纤维强度稍低，吸湿性好，染色比较容易。产品形式有长丝（人造丝）和短纤维。

用天然的或人工合成的高分子化合物为原料经化学纺丝而制成的纤维，可分为人造纤维、合成纤维、无机纤维。

（1）人造纤维：根据人造纤维的形状和用途，分为人造丝、人造棉和人造毛三种。重要品种有黏胶纤维、醋酯纤维、铜氨纤维等，如图2-1-9，图2-1-10。

a. 黏胶纤维：黏胶纤维的主要特征是以天然棉短绒、木材为原料制成的，它具有以下几个突出的优点。

①手感柔软光泽好，黏胶纤维像棉纤维一样柔软，丝纤维一样光滑。

②吸湿性、透气性良好，黏胶纤维的基本化学成分与棉纤维相同，因此，它的一些性能和棉纤维接近，不同的是它的吸湿性与透气性比棉纤维好，可以说它是所有化学纤维中吸湿性与透气性最好的一种。

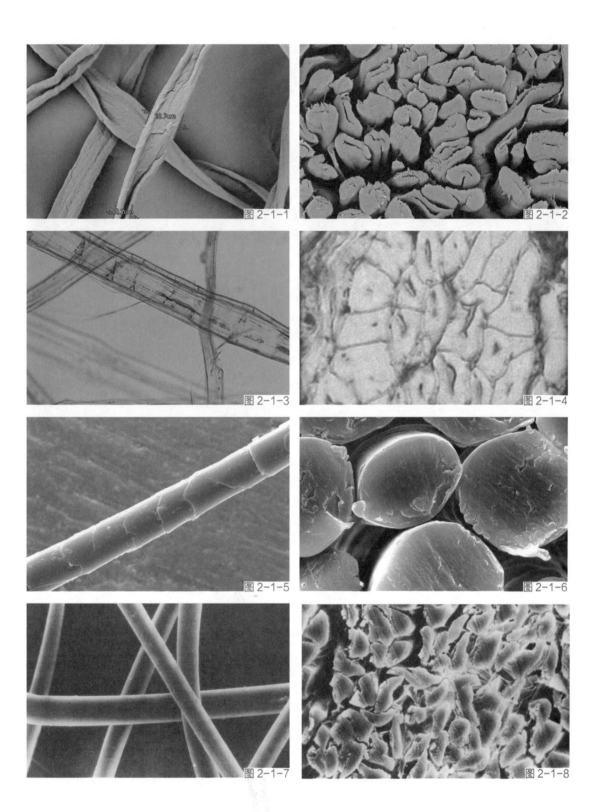

图2-1-1　棉纤维形态（纵向）　　图2-1-5　羊毛纤维形态（纵向）

图2-1-2　棉纤维形态（横向）　　图2-1-6　羊毛纤维形态（横向）

图2-1-3　大麻纤维形态（纵向）　图2-1-7　蚕丝纤维形态（纵向）

图2-1-4　大麻纤维形态（横向）　图2-1-8　蚕丝纤维形态（横向）

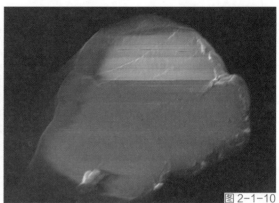

图2-1-9　黏胶纤维形态（纵向）

图2-1-10　黏胶纤维形态（横向）

③染色性能好，由于黏胶纤维吸湿性较强，所以黏胶纤维比棉纤维更容易上色，色彩纯正、艳丽，色谱也最齐全。

黏胶纤维最大的缺点是湿牢度差，弹性也较差，织物易折皱且不易恢复；耐酸、耐碱性也不如棉纤维。

主要用途及使用性能：黏胶纤维因其吸湿性好，穿着舒适，可纺性好，与棉、毛及其他合成纤维混纺、交织，用于各类服装及装饰用品。黏胶长丝用于织制丝绸类织物，高强力黏胶可用作轮胎帘子线、运输带等工业用品。

b. 富强纤维：俗称虎木棉、强力人造棉，它是变性的黏胶纤维。富强纤维同普通黏胶纤维（即人造棉、人造毛、人造丝）比较起来，有以下几个主要特点。

①强度大，也就是说富强纤维织物比黏胶纤维织物结实耐穿。

②缩水率小，富强纤维的缩水率比黏胶纤维小二分之一。

③弹性好，用富强纤维制作的衣服比较板整，耐折皱性比黏胶纤维好。

④耐碱性好，由于富强纤维的耐碱性比黏胶纤维好，因此富强纤维织物在洗涤中对肥皂等洗涤剂的选择就不像黏胶纤维那样严格。

c. 纤维素酯纤维：醋酯纤维。

d. 再生蛋白质纤维：大豆纤维、花生纤维等，如图2-1-11，图2-1-12所示。

（2）合成纤维：合成纤维是由合成的高分子化合物制成的，常用的合成纤维有涤纶、锦纶、腈纶、氯纶、维纶、氨纶等。

a. 涤纶：涤纶为聚酯类纤维中用途最广，产量最高的一种。涤纶纤维的基本特征。涤纶的学名叫聚对苯二甲酸乙二酯，简称聚酯纤维。涤纶是我国大陆商品名称，大陆以外有称"大可纶"、"特利纶"、"帝特纶"等。涤纶由于原料易得、性能优异、用途广泛，发展非常迅速，现在的产量已居化学纤维的首位，如图2-1-13，图2-1-14所示。

涤纶最大的特点是它的弹性比任何纤维都强；强度和耐磨性较好，由它纺织的面料不但牢度比其他纤维高出3~4倍，而且挺括、不易变形，有"免烫"的美称；涤纶的耐热性

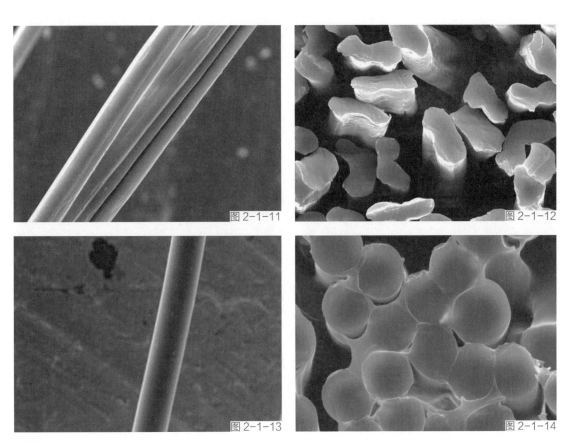

图2-1-11　大豆纤维形态（纵向）

图2-1-12　大豆纤维形态（横向）

图2-1-13　涤纶纤维形态（纵向）

图2-1-14　涤纶纤维形态（横向）

也是较强的；具有较好的化学稳定性，在正常温度下，都不会与弱酸、弱碱、氧化剂发生作用。

涤纶缺点是吸湿性极差，由它纺织的面料穿在身上发闷、不透气。另外，由于纤维表面光滑，纤维之间的抱合力差，经常摩擦之处易起毛、结球。

涤纶主要用途及使用性能：在服装、装饰、工业中的应用都十分广泛。其短纤维可与天然纤维以及其他化纤混纺，加工不同性能的纺织制品，用于服装、装饰及各种不同领域。涤纶长丝，特别是变形丝可用于针织、机织制成各种不同的仿真型内外衣。长丝还可以用于轮胎帘子线、工业绳索、传动带等工业制品。

　　b. 锦纶：锦纶是我国大陆的商品名称，它的学名叫聚酰胺纤维；有锦纶－66，锦纶－1010，锦纶－6等不同品种。锦纶在海外的商品名又称"尼龙""耐纶""卡普纶""阿米纶"等。锦纶是世界上最早的合成纤维品种，由于性能优良，原料资源丰富，因此一直是合成纤维产量最高的品种。直到1970年以后，由于聚酯纤维的迅速发展，才退居合成纤维的第二位。

锦纶的最大特点是强度高、耐磨性好，它的强度及耐磨性居所有纤维之首。

锦纶的缺点与涤纶一样，吸湿性和通透性都较差。在干燥环境下，锦纶易产生静电，短纤维织物也易起毛、起球。锦纶的耐热、耐光性都不够好，熨烫承受温度应控制在140℃以下。此外，锦纶的保形性差，用其做成的衣服不如涤纶挺括，易变形。但它可以随身附体，是制作各种体形衫的好材料。

锦纶主要用途及使用性能：产量仅次于涤纶，其产品以长丝为主，主要用作民用的袜子、围巾、长丝织物及刷子的丝，还可用于织制地毯等。

c. 腈纶：腈纶是大陆的商品名称，其学名为聚丙烯腈纤维。海外又称"奥纶""考特尔""德拉纶"等。腈纶的外观呈白色、卷曲、蓬松、手感柔软，酷似羊毛，多用来和羊毛混纺或作为羊毛的代用品，故又被称为"合成羊毛"。

腈纶的吸湿性不够好，但润湿性却比羊毛、丝纤维好。它的耐磨性是合成纤维中较差的，腈纶纤维的熨烫承受温度在130℃以下。

腈纶主要用途及使用性能：蓬松柔软且外观酷似羊毛，从而有合成羊毛之称，故常制成短纤维与羊毛、棉或其他化纤混纺，织制毛型织物或纺成绒线。粗且腈纶可织制毛毯或人造毛皮。利用腈纶特殊的热收缩性，可纺成膨松性好、毛型感强的膨体纱。

d. 维纶：维纶的学名为聚乙烯醇缩甲醛纤维。海外又称"维尼纶""维纳尔"等。维纶洁白如雪，柔软似棉，因而常被用作天然棉花的代用品，人称"合成棉花"。维纶是合成纤维中吸湿性能最好的。另外，维纶的耐磨性、耐光性、耐腐蚀性都较好。

主要用途及使用性能：性质接近于棉，有合成棉花之称。维纶织物的坚牢度优于棉织物，但缺少毛型感。维纶主要以短纤维为主，常与棉纤维混纺。由于纤维性能的限制。一般只制作低档的民用织物。由于维纶与橡胶有很好的粘合性能，被大量用于工业制品，如绳索、水龙带、渔网、帆布帐篷等。

e. 氯纶：氯纶的学名为聚氯乙烯纤维。海外有"天美龙""罗维尔"之称。氯纶的优点较多，耐化学腐蚀性强；导热性能比羊毛还差，因此，保温性强；电绝缘性较高，难燃。另外，它还有一个突出的优点，即用它织成的内衣裤可治疗风湿性关节炎或其他伤痛，而对皮肤无刺激性或损伤。

氯纶的缺点也比较突出，即耐热性极差。

氯纶主要用途及使用性能：主要用于制作各种针织内衣、绒线、毯子、絮制品等；还可制成鬃丝，用来编织窗纱、筛网、绳子等；此外还可用于工业滤布、工作服、绝缘布等。

f. 氨纶：氨纶的学名为聚氨酯弹性纤维，是一种线型大分子构成的弹性纤维。海外又称"莱克拉""斯潘齐尔"等。它是一种具有特别的弹性性能的化学纤维，目前已工业化生产，并成为发展最快的一种弹性纤维。

氨纶弹性优异。而强度比乳胶丝高2~3倍，线密度也更细，并且更耐化学降解。氨纶的耐酸碱性、耐汗、耐海水性、耐干洗性、耐磨性均较好。

氨纶纤维一般不单独使用，而是少量地掺入织物中，如与其他纤维合股或制成包芯纱，用于织制弹力织物。

氨纶主要用途及使用性能：主要用于纺制有弹性的织物，作紧身衣、袜子等。除了织造针织罗口外，很少直接使用氨纶裸丝。一般将氨纶丝与其他纤维的纱线一起做成包芯纱或加捻后使用。

（3）无机纤维：以矿物质为原料制成的纤维，如：玻璃纤维、金属纤维等。

四、纤维服用性能分析

（一）外观性能

1. 纤维的长度

概念：纤维伸直但未伸长时两端的距离。

性质：服用纺织纤维的长度以mm为单位，一般在10mm以上。天然纤维的长度取决于纤维的种类、品种和生长条件，化学纤维可按需控制。

作用：与纱线、面料和服装的质量关系密切。①长度越长，纱线强度越高，织物和服装的结实程度越好。②纤维的加长，使纱线上的纤维头端露出减少，面料表面光洁、毛羽少。

2. 纤维的细度

概念：衡量服用纺织纤维粗细程度的指标。

作用：与成品纱、织物和服装性能关系密切。较细的纤维制成织物轻薄、光泽好、手感柔软、透气性好。

直接指标测定：根据纤维截面形状直接测量细度的指标。

3. 纤维的色泽

色泽包括色度、光泽和色彩，是纤维的重要性质，其强弱主要由表面对光的反射而定。

影响因素：纤维表面的光泽、染色鲜艳程度和染色牢度。

（1）纤维表面状态影响反射光线的强度。

（2）截面形状影响光的反射。①圆形：柔和，如加捻则反射光强烈。②三角形：反射光线不均匀且分散，加捻使长度方向的光均匀，则光闪烁。如：三叶形。③多角形或多边形：光泽黯淡。

（3）纤维的化学组成和结构影响其染色的难易程度和牢度。

4. 纤维的刚度

概念：抵抗弯曲变形的能力。

作用：对织物的悬垂性有影响。

5. 纤维的弹性

概念：指其抵抗外力作用，要求恢复到原状态的能力。常用弹性回复率表示。

作用：影响织物的抗皱性、回复性、服装外观保形性及形状稳定性。

6. 纤维的可塑性

概念：指纤维在加湿、加热的状态下，通过机械作用改变形状能力。

作用：可使织物永久定形。

7. 起毛起球

概念：纤维端伸出织物表面形成绒毛及小球状突起的现象。

影响因素：表面较光滑而又强力大、线密度细等。

作用：影响外观，不易脱落。

（二）舒适性

1. 导热性

概念：纤维传导热量的能力。

形成原因：纤维是多孔性物质，其内部、之间有很多空隙，充满空气。

表示：导热系数。

2. 吸湿性

概念：指纤维在空气中吸收或放出气态水的能力，是一种动态平衡。

表示方法：常用指标有含水率和回潮率两种。

含水率：纤维中所含水分重量占纤维湿重的百分率。

公定回潮率：相对湿度65%±2%，温度20℃±2℃条件下的回潮率。

吸湿机理：大气中水分子被吸附于纤维的表面逐步向内部扩散。

吸湿性对纤维性能的影响：①对纤维重量的影响。②对纤维长度和横截面积的影响。③对纤维力学性质的影响。④对纤维吸湿放热的影响。⑤对纤维电学性质的影响。⑥对纤维光学性质的影响。

3. 触觉感和弹性

触觉感：纤维表面的粗糙或光滑会影响与人体接触的舒适感。

弹性：服装的功能之一，使着装人体感觉舒适。

4. 体积质量

概念：单位体积的纤维重量。

作用：影响织物的覆盖性、服装的重量。

（三）耐用性能

1. 拉伸强度和延伸性

概念：拉伸力是指沿纤维长度方向作用的外力。

拉伸变形：纤维在拉伸力作用下的伸长。

绝对强力：纤维受拉伸以致断裂所需的力。

相对强力：每特纤维能承受的最大拉力。

影响耐用性因素：拉伸强度、弹性、回弹性和延伸性。

2. 耐气候性和耐磨性

概念：纤维抵抗外界各种侵害的性能称为耐气候性。

耐日光性顺序：腈纶>麻>棉>羊毛>黏胶纤维>醋酯纤维>涤纶>锦纶>丝>丙纶。

耐磨顺序：锦纶>涤纶>氨纶>亚麻>腈纶>棉>丝>羊毛>黏胶纤维>醋酯纤维。

热稳定性：用在一定温度下纤维强力随作用时间延长而降低的程度来表示。热稳定性最好的是涤纶。

燃烧性：取决于纤维的化学结构。用发火点、点燃温度和燃烧温度来表示。分为易燃纤维（腈纶与纤维素纤维）、可燃纤维（羊毛、蚕丝、涤纶、维纶、锦纶）、难燃纤维（氯纶）、不燃纤维（石棉）。

3. 耐热性

概念：纤维抵抗温度的能力。

作用：① 热定形。合成纤维加热时经过玻璃态、高弹态、粘流态。② 降低纤维的强度和弹性。

4. 熔孔性

概念：纤维制品在接触到烟灰和火花等热体时，在织物上形成孔洞的性能。

5. 耐化学品性

概念：纤维抵抗化学品破坏的能力。

不同纤维的耐化学性比较：纤维素纤维、蛋白质纤维与合成纤维的不同。

（四）保养性能

纤维的保养性能取决于抗霉、抗虫、抗微生物性能和洗涤性能。

五、纤维的鉴别

鉴别的依据：显微结构、外观形态、化学与物理性能上的差别。

鉴别的步骤：

（1）判断纤维的大类。

（2）具体分出品种。

（3）最后验证。

1. 手感目测法

鉴别依据：根据纤维外观形态、色泽、手感、伸长、强度等特征来加以识别。（如：棉、麻、毛、丝短纤维，且棉最短而细、有杂质和疵点。麻手感较粗硬，毛卷曲而有弹性，丝长而细且有光泽。黏胶干湿强度差别大，氨纶弹性大等。

适用于：呈散纤维状态的原料。

缺点：具有局限性。

2. 燃烧法

鉴别依据：纤维化学组成不同，燃烧特性不同。

鉴别方法：将试样慢慢接近火焰，观察在火焰热带中的反应、在火中的燃烧、离开火焰延烧情况及产生的气味和灰烬。

3. 显微镜观察法

鉴别依据：纤维的外观形态、纵面、截面形态特征。

鉴别仪器：生物显微镜或电子显微镜。

适用于：纯纺、混纺和交织产品。

注意：① 异形纤维的鉴别。② 仿天然纤维的鉴别。

4. 溶解法

鉴别依据：根据各种纤维的化学组成不同，在各种化学溶液中的溶解性能各异的原理。

适用于：各种纤维和产品。包括已染色的和混合成分的纤维、纱线和织物。鉴别步骤：纯纺织物选择相应的溶液。

5. 药品着色法

鉴别依据：根据各种纤维的化学组成不同，对各种化学药品有不同的着色性能。

适用于：未染色或未经整理剂处理过的单一成分的纤维、纱线或织物。

6. 熔点法

鉴别依据：根据某些合成纤维的熔融特性，在化纤熔点仪或附有加热和测温装置的偏振光显微镜下观察纤维消光时的温度来测定纤维的熔点。

7. 红外吸收光谱鉴别法

鉴别依据：根据纤维分子的各种化学基团，不论它存在于哪一种化合物都有自己的特定的红外吸收带的位置，利用此原理将测得试样的红外光谱图与已知纤维的红外光谱图核对比较。

8. 密度法

鉴定依据：各种纤维具有不同密度的特点。

9. 荧光法

鉴定依据：利用紫外线荧光灯照射纤维，根据各种纤维光致发光的性质不同，纤维的荧光颜色也有不同的特点。

适用于：荧光颜色差异大的纤维。

方法特点：设备简单，使用方便、快速。

第二节　服装用纱线

纱线具有适当的粗细，能承受一定的外力，具有适当的外观和手感，并且可以任意长短。通常所谓的"纱线"，其实是指"纱"和"线"的统称，"纱"是将许多短纤维或长丝排列成近似平行状态，并沿轴向旋转加捻，组成具有一定强力和线密度的细长物体；而"线"是由两根或两根以上的单纱捻合而成的股线。

一、纱线的分类

（一）按纱线原料分

（1）纯纺纱：纯纺纱是由一种纤维材料纺成的纱，如棉纱、毛纱、麻纱和绢纺纱等。

此类纱适宜制作纯纺织物。

（2）混纺纱：混纺纱是由两种或两种以上的纤维所纺成的纱，如涤纶与棉的混纺纱，羊毛与黏胶的混纺纱等。此类纱用于突出两种纤维优点的织物。

（二）按纱线粗细分

（1）粗特纱：粗特纱指32特及其以上（英制18英支及以下）的纱线。此类纱线适于粗厚织物，如粗花呢、粗平布等。

（2）中特纱：中特纱指21至32特（英制19至28英支）的纱线。此类纱线适于中厚织物，如中平布、华达呢、卡其等。

（3）细特纱：细特纱指11至20特（英制29至54英支）的纱线。此类纱线适于细薄织物，如细布、府绸等。

（4）特细特纱：特细特纱指10特及其以下（英制58英支及以上）的纱线。此类纱适于高档精细面料，如高支衬衫、精纺贴身羊毛衫等。

（三）按纺纱系统分

（1）精纺纱：精纺纱也称精梳纱，是指通过精梳工序纺成的纱，包括精梳棉纱和精梳毛纱。纱中纤维平行伸直度高，条干均匀、光洁，但成本较高，纱支较高。精梳纱主要用于高级织物及针织品的原料，如细纺、华达呢、花呢、羊毛衫等。

（2）粗纺纱：粗纺纱也称粗梳毛纱或普梳棉纱，是指按一般的纺纱系统进行梳理，不经过精梳工序纺成的纱。粗纺纱中短纤维含量较多，纤维平行伸直度差，结构松散，毛茸多，纱支较低，品质较差。此类纱多用于一般织物和针织品的原料，如粗纺毛织物、中特以上棉织物等。

（3）废纺纱：废纺纱是指用纺织下脚料（废棉）或混入低级原料纺成的纱。纱线品质差、松软、条干不匀、含杂多、色泽差，一般只用来织粗棉毯、厚绒布和包装布等低级的织品。

（四）按纺纱方法分

1. 环锭纱

环锭纱是指在环锭细纱机上，用传统的纺纱方法加捻制成的纱线。纱中纤维内外缠绕联结，纱线结构紧密，强力高，但由于同时靠一套机构来完成加捻和卷绕工作，因而生产效率受到限制。此类纱线用途广泛，可用于各类织物、编结物、绳带。

2. 自由端纱

自由端纱是指在高速回转的纺杯流场内或在静电场内使纤维凝聚并加捻成纱，其纱线的加捻与卷绕作用分别由不同的部件完成，因而效率高，成本较低。

（1）气流纱：气流纱也称转杯纺纱，是利用气流将纤维在高速回转的纺纱杯内凝聚加捻输出成纱。纱线结构比环锭纱蓬松、耐磨、条干均匀、染色较鲜艳，但强力较低。此类纱线主要用于机织物中膨松厚实的平布、手感良好的绒布及针织品类。

（2）静电纱：静电纱是利用静电场对纤维进行凝聚并加捻制得的纱。纱线结构同气流纱，用途也与气流纱相似。

（3）涡流纱：涡流纱是用固定不动的涡流纺纱管，代替高速回转的纺纱杯所纺制的纱。纱上弯曲纤维较多、强力低、条干均匀度较差，但染色、耐磨性能较好。此类纱多用于起绒织物，如绒衣、运动衣等。

（4）尘笼纱：尘笼纱也称摩擦纺纱，是利用一对尘笼对纤维进行凝聚和加捻纺制的纱。纱线呈分层结构，纱芯捻度大、手感硬，外层捻度小、手感较柔软。此类纱主要用于工业纺织品、装饰织物，也可用在外衣（如工作服、防护服）上。

3. 非自由端纱

非自由端纱是又一种与自由端纱不同的新型纺纱方法纺制的纱，即在对纤维进行加捻过程中，纤维条两端是受握持状态，不是自由端。这种新型纱线包括自捻纱、喷气纱和包芯纱等。

（1）自捻纱：自捻纱属非自由端新型纱的一种，是通过往复运动的罗拉给两根纱条施以假捻，当纱条平行贴紧时，靠其退捻回转的力，互相扭缠成纱。这种纱线捻度不匀，在一根纱线上有无捻区段存在，因而纱强较低。适于生产羊毛纱和化纤纱，用在花色织物和绒面织物上较合适。

（2）喷气纱：喷气纱是利用压缩空气所产生的高速喷射涡流，对纱条施以假捻，经过包缠和扭结而纺制的纱线。成纱结构独特，纱芯几乎无捻，外包纤维随机包缠，纱较疏松，手感粗糙，且强力较低。此类纱线可加工机织物和针织物，做男女上衣、衬衣、运动服和工作服等。

（3）包芯纱：包芯纱是一种以长丝为纱芯，外包短纤维而纺成的纱线，兼有纱芯长丝和外包短纤维的优点，使成纱性能超过单一纤维。常用的纱芯长丝有涤纶丝、锦纶丝、氨纶丝，外包短纤维常用棉、涤/棉、腈纶、羊毛等。包芯纱目前主要用作缝纫线、衬衫面料、烂花织物和弹力织物等。

（五）按纱线结构分

1. 单纱

单纱是指只有一股纤维束捻合的纱。可以由一种原料纺成纯纺纱，由此构成纯纺织物，也可以由两种或两种以上原料构成混纺纱，由此构成混纺织物。

2. 股线

股线是由两根或两根以上的单纱捻合而成的线。其强力、耐磨好于单纱。同时，股线还可按一定方式进行合股并合加捻，得到复捻股线，如双股线、三股线和多股线。主要用于缝纫线、编织线或中厚结实织物。

3. 单丝

单丝是由一根纤维长丝构成的。其直径大小决定于纤维长丝的粗细。一般只用于加工细薄织物或针织物，如尼龙袜、面纱巾等。

4. 变形纱

变形纱是对合成纤维长丝进行变形处理，使之由伸直变为卷曲而得到的，也称为变形丝或加工丝。变形纱包括高弹丝、低弹丝、膨体纱和网络丝等。

（1）高弹丝：高弹丝或高弹变形丝具有很高的伸缩性，而蓬松性一般。主要用于弹力织物，以锦纶高弹丝为主。

（2）低弹丝：低弹丝或变形弹力丝具有适度的伸缩性和膨松性。多用于针织物，以涤纶低弹丝为多。

（3）膨体纱：膨体纱具有较低的伸缩性和很高的膨松性。主要用来作绒线、内衣或外衣等要求膨松性好的织物，其典型代表是腈纶膨体纱，也叫做开司米。

（4）网络丝：网络丝又名交络丝，是化学纤维制丝过程中在尚未成形时，让部分丝抱合在一起而形成的。此丝手感柔软、膨松、仿毛效果好，多用于女式呢。近年来流行的高尔夫呢也是用此丝织制。

5. 花式纱线

花式纱线是指通过各种加工方法而获得特殊的外观、手感、结构和质地的纱线。主要有以下三类。

（1）花色线：花色线是指按一定比例将彩色纤维混入基纱的纤维中，使纱上呈现鲜明的长短、大小不一的彩段、彩点的纱线，如彩点线、彩虹线等。这种纱线多用于女装和男茄克衫。

（2）花式线：花式线是利用超喂原理得到的具有各种外观特征的纱线，如圈圈线、竹节线、螺旋线、结子线等。此类纱线织成的织物手感蓬松、柔软、保暖性好，且外观风格别致，立体感强，既可用于轻薄的夏季织物，又可用于厚重的冬季织物，既可做衣着面料，又可做装饰材料。

（3）特殊花式线：特殊花式线主要是指金银丝、雪尼尔线等。金银丝主要是指将铝片夹在涤纶薄膜片之间或蒸着在涤纶薄膜上得到的金银线。它既可用于织物，也可用作装饰用缝纫线，使织物表面光泽明亮。雪尼尔线是一种特制的花式纱线，即将纤维握持于合股的芯纱上，状如瓶刷。其手感柔软，广泛用于植绒织物和穗饰织物。

（六）按纱线用途分

1. 机织用纱

机织用纱指加工机织物所用纱线，分经纱和纬纱两种。经纱用作织物纵向纱线，具有捻度较大、强力较高、耐磨较好的特点；纬纱用作织物横向纱线，具有捻度较小、强力较低，但柔软的特点。

2. 针织用纱

针织用纱为针织物所用纱线。纱线质量要求较高，捻度较小，强度适中。

3. 其他用纱

包括缝纫线、绣花线、编结线、杂用线等。根据用途不同，对这些纱的要求也不同。其中，缝纫线、编结线将在后面的第四节中讲述。

二、花式纱线

花式纱线是指通过各种不同的加工方法而获得特殊的外观、手感、结构和质地的纱线。其主要特征是纱线的截面粗细不匀，并有纱圈、环圈、扭结、螺旋或结子等新颖外观。有些相似于空气变形丝的效果，两者的区别除蓬松度不同外，主要区别在于花式纱线是采用机械加工方法形成的，而空气变形丝是利用气流的冲击形成的。花式纱线是利用机械加工的方法，将两根或两根以上的单纱（或丝）分别以不同的线速度喂入，经并合加捻后，线速度快的纱（或丝）形成各种纱结、线圈绕在线速度较慢的那根纱（或丝）线上，从而形成了花式纱线。通常低速喂入的纱线张力较大，并位于花式线的中心，称为芯线；而高速喂入的纱线张力较小，并绕在芯线表面，称为饰线，再经加固纱固定花型。芯线、饰线和加固纱线可分别用不同原料和不同色泽的纱线（或丝）制成，以增加花式纱线的品种和外观风格。

（一）常见花式纱线的种类及其结构

常见的花式纱线有结子线、环圈线、结子环圈线和断丝线等。按结子颜色不同，结子线又可分为单色、双色和三色等；根据环圈形状是否圆整和环圈透孔是否明显，环圈线又可分为花环线和毛圈线两种。花环线环圈形状圆整、透孔明显，而毛圈线所成环圈则不圆整，且透孔也不明显；当所成毛圈绞结抱合，且长度较大时，此类毛圈线称为辫子线；如将环圈线与结子线组合起来便构成环圈结子线。当一个系统的纱线两端被切断而绞结在其他系统的纱线中，则称为断丝线。断丝纱线可与不同花式纱线组合，组合后的纱线则为断丝结子线，断丝毛圈线等。

（二）特殊花式纱线的介绍

1. 金银丝线

金银丝线的生产主要采用聚酯薄膜为基底，运用真空镀膜技术，在其表面镀上一层铝，再覆以颜色涂料层与保护层。经切割成细条，形成金银丝。因涂覆的颜色不同，可获得金线、银线、变色线及五彩金银线等多种品种。主要供织物装饰彩条，也可并捻在纱线中作为一种新颖的编结线。

2. 雪尼尔线

雪尼尔线其特征是纤维被握持在合股的芯纱线，状如瓶刷，手感柔软，广泛用于植绒织物和穗饰织物，具有丝绒感。可以用作家居装饰织物、针织物等。生产雪尼尔线的方法很多，有切割非织造织物网的方法、切断纱圈和捻合的方法、织造法和静电植绒法。

3. 拉毛线

拉毛线有长毛和短毛型两种，前者是先纺制成花圈线，然后再把毛圈用拉毛机上的针布拉开，因此毛绒较长；后者是把普通毛纱在拉毛机上加工而成，所以毛绒较短。拉毛线多用于粗纺花呢、手编毛线、毛衣和围巾等，产品绒毛感强、手感丰满柔软。长毛型拉毛线的饰纱常用光泽好、直径粗的马海毛或粗支有光化学纤维制成，以增加织物的美观。拉毛线由于有加固线加固，因此绒毛不易掉落，耐用性好。

4．包芯纱线

包芯纱线由芯纱和外包纱组成，芯纱在纱的中心，通常为强力和弹性都较好的合成纤维长丝（涤纶丝或锦纶丝），外包棉、毛等短纤维纱，这样就使包芯纱线既具有天然纤维的良好外观、手感、吸湿性能和染色性能；又兼有长丝的强力、弹性和尺寸稳定性。当芯纱为弹力纤维或氨纶长丝时，包芯纱具有很好的弹性，即使只含有少量的氨纶，也能明显地改善弹性。由这种包芯纱线织成的针织物或牛仔裤料，穿着时伸缩自如，舒适合体，既容易随人体运动而拉伸，又容易恢复，保持良好的外观。但在穿着和洗涤时，不宜过分拉伸，应防止纱芯断裂，熨烫和干燥温度不宜过高。

思考与练习

1 鉴别纤维的方法主要有几种？请简单叙述最常用的两种方法。

2 纤维的主要服用性能有哪几种？

3 吸湿性对纤维的哪些性能有影响？

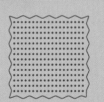

第三章

服装用织物

第一节　服装用织物概述

服装用织物，是根据设计的要求，比如纤维原料、纱线的加工方式，织物的结构设计，织造工艺设计，染整加工的不同以及设备的选用等，先对纤维原料、纱线进行织造的前期准备，然后根据其结构需要在相应的织机或其他设备、器件上进行织造或编织而成的织物面料。

服装用织物的分类方法有很多，常用的有以下几种。

（一）按织物组成的原料来分

（1）纯纺织物。经纬纱线都是由同一种纤维制成的织物。如棉织物、毛织物、麻织物以及涤纶织物、锦纶织物等各种化纤织物。纯纺织物能够充分体现其组成纤维的基本性能。

（2）混纺织物。经纬纱线都是由两种或两种以上纤维混合纺纱制成的织物。如涤棉T/C织物、涤黏T/A织物等。不同纤维原料按照一定比例混合能够使纤维特性得到互补，改善织物的服用性能，拓展服装的使用范围。

（3）交并织物。交并织物是指经纬纱线由两种以上不同原料并合成股线所织成的织物。如11.7tex涤纶短纱线与11tex低弹长丝并成股线制成的织物等。

（4）交织织物。经纱与纬纱各使用不同纤维制成的织物。如经纱用棉纱线、纬纱用黏胶长丝或真丝的线绨。交织物的经纬向往往具有不同的性能，但当经纬向紧密度相差较大时，织物的外观与手感主要由紧密度较大的一向体现。

（二）按织物的成形方法来分

（1）机（梭）织物。机织物是由相互垂直的两组纱线在织机上交织形成的。

（2）针织物。针织物是由纱线通过针织有规律的运动而形成线圈，线圈和线圈之间互相串套起来而形成的织物。

（3）非织造织物。非织造布是指不经过传统的织布方法，而直接由纤维、纱线经过机械或化学加工，通过摩擦加固、抱合加固或黏合加固的方法，使之黏合或结合成的薄片状或者毛毡状的结构的纤维制品。

（三）按织物的染整方式来分

（1）原色布。不经任何染整加工的布。

（2）漂白织物。织物经漂白加工处理。

（3）染色织物。织物经染色加工处理。

（4）色织物。由色纱交织而成的织物。

（5）印花织物。织物经印花加工处理。

（6）整理织物。织物经由功能性整理加工，如：扎花、烧花等。

此外，还有一些分类方法，按织物的不同纱线可分为单纱、全线、半线、花式线、长丝等。按纱线的加工方式可分为普梳、精梳、粗纺、精纺等。按纱线支数可分为粗支纱织物、细支纱织物、高支纱织物等。按织物的厚重可分为轻型织物、中型织物、重型织物。

第二节　机织物的织物组织

机织物是由相互垂直的两组纱线在织机上交织形成的。沿着织物边排列的纱线称之为经纱，垂直于布边排列的纱线称之为纬纱。在纺织服装行业，机织物上经纱方向称为直纱，纬纱方向称为横纱，与布边呈45度夹角的方向称为斜纱。由于在织造过程中经纱与纬纱承受不同的力，因此一般织物的三个方向具有不同的性质。一般织物经纱的拉伸变形最小，正斜纱的拉伸变形最大，悬垂性却最好。

一、机织物的分类

机织物的分类主要有下面几种方式：

1. 按原料分

（1）纯纺织物。仅有一种原料成分的织物，如纯棉布、全真丝面料等。

（2）混纺织物。由混纺纱交织形成的织物，如T/C布、W/A布等。

（3）交织织物。由交并纱（不同原料合成的单纱合并成的股线）交织而成的织物。

2. 按纤维长度和细度分

（1）棉型织物。由棉型纱线交织而成的织物，具有类似棉织物的风格，手感柔软，光泽柔和，外观朴实、自然，如65/35T/C布。

（2）中长织物。由中长型纱线织成的织物，大多具有类似毛织物的风格，少量具有类似棉织物的风格，如32s/2×32s/2涤黏色织布等。

（3）毛型织物。由毛型纱线交织而成的织物，具有类似毛织物的风格，手感蓬松、柔软、丰厚，给人以温暖感，如女衣呢、华达呢、麦尔登呢等。

（4）长丝型织物。由长丝交织而成的织物，具有类似丝绸织物的风格，织物表面光滑、无毛羽、光泽好，手感柔滑、悬垂好、色泽艳丽，如各类缎子等。

3. 按纺纱工艺分

（1）精梳织物。由精梳纱交织而成的织物。

（2）粗梳织物。由粗梳纱交织而成的织物。

4. 按经纬用纱分

（1）纱织物。由单纱交织而成的织物，如50s×50s纯棉色织府绸。

（2）线织物。由股线交织而成的织物，如21s/2×21s/2毛涤腈色织布。

（3）半线织物。股线作经纱、单纱作纬纱交织而成的织物，如42s/2×21s半线卡其布。

5. 按印染加工方法分

（1）原色织物。不经任何染整加工的布。由于没有经过染整加工，织物所受损伤小，较为结实，但表面粗糙，且含有杂质。

（2）漂白织物。坯布经漂白加工后得到的布。主要特点是色洁白，布面匀净。如漂白棉布等。

（3）染色织物。坯布经染色加工后得到的布。其特点是单色为多，如各种杂色棉布、各种素色毛料。

（4）色织物。由色纱交织而成的布。

（5）印花织物。坯布经印花加工后得到的布。可进一步分为普通印花织物、纱线印花织物和烂花织物等。

二、机织物组织

在织物内，与布边平行、纵向排列的纱线为经纱；与布边垂直、横向排列的纱线为纬纱。经纱和纬纱相互交错或彼此浮沉的规律称为织物组织。凡经纱浮在纬纱之上，称为经组织点；凡纬纱浮在经纱之上，称为纬组织点。当经组织点和纬组织点浮沉规律达到循环时，称为一个组织循环。

第三节　针织物的织物组织

针织物是由纱线通过针织有规律的运动而形成线圈，线圈和线圈之间互相串套起来而形成的织物。织制针织物可使用的原料比较广泛，包括棉、毛、丝、麻、化纤及它们的混纺纱或交并纱等。

针织物是织物的主要类型之一，它与机织物的不同之处在于它不是由经纬两组纱线垂直交织成的，而是由纱线构成的线圈互相串套而成。因此，针织物与机织物有很大的差异。由于针织物的这种结构特点，使它具有良好的延伸性、弹性、柔软性、保暖性、通透性、吸湿性等。但也带来容易脱散、卷曲和易起毛、起球和钩丝的缺点。针织物一般用来制作内衣、紧身衣和运动服。近年来，四季服装有更多采用针织物的趋势。

一、针织物的分类

针织物按编结方法分为纬编针织物和经编针织物两大类。

线圈是针织物最基本的组成单元。它由圈柱、延展线和圈弧组成，如图3-3-1所示。线圈的结构不同、组合方式不同，构成了各种不同的针织物组织。针织物的组织有基本组织、变化组织和花式组织三类。原组织包括：纬编针织物中的纬平组织、罗纹组织和双反面组织；经编织物中的经平组织和经缎组织。纬编针织物多采用基本组织和变化组织，经编针织物多采用变化组织。

（一）纬编针织物

1. 纬平组织

纬平组织又称平针组织，是纬编针织物最简单的基本组织，是单面纬编针织物的原组织，如图3-3-2和图3-3-3所示。

（1）组织特点：它是由连续的单元线圈单向相互串套而成的。

（2）应用：经常应用于内衣、袜子、手套等。

2. 罗纹组织

罗纹组织是双面纬编针织物的基本组织，由正面线圈纵行和反面线圈纵行组合配置而成，具有双面组织的特点，如图3-3-4，图3-3-5所示。

（1）组织特点：正、反面线圈纵行可以通过不同的组合配置。如1+1罗纹组织、2+2罗纹组织、2+3罗纹组织等。第一个数字表示正面线圈纵行数，后一个数字表示反面线圈纵行数。

（2）应用：经常应用于弹力衫、棉毛衫裤、绒衣裤的袖口、领口及袜类的袜口等。

3. 双反面组织

双反面组织也称"珍珠编"，是由正面线圈横列和反面线圈横列相互交替配置而成的，如图3-3-6所示。

（1）组织特点：双反面组织因正反面线圈横列数的组合不同而有许多种类。

（2）应用：经常应用于毛衣、运动衫、童装、手套、袜子等成形针织品。

（二）经编针织物

1. 经平组织

经平组织又称二针组织，是采用一组或几组平行排列的纱线，按经向喂至针织机的所有工作针上，同时弯曲成圈并互相串套形成织物的，如图3-3-7所示。

（1）组织特点：它由一根经纱所形成的线圈轮流配置在两个相邻线圈的纵行中。

（2）应用：经常应用于夏季T恤、内衣等。

2. 经缎组织

（1）组织特点：每根经纱顺序地在相邻纵行内构成线圈，并且在一个完全组织中有半数的横列线圈向一个方向倾斜，而另外半数的横列线圈向另一个方向倾斜，逐渐在织物表面形成横条纹效果，如图3-3-8所示。

（2）应用：经缎组织常与其他经编组织复合，以得到一定的花纹效果，常做衬纬拉绒织物的地组织。

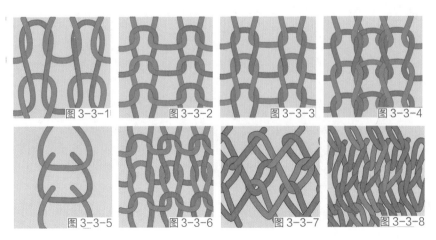

图3-3-1　线圈结构

图3-3-2　纬平结构（正面）

图3-3-3　纬平结构（反面）

图3-3-4　1+1罗纹组织

图3-3-5　1+1罗纹组织

图3-3-6　双反面组织

图3-3-7　经平组织

图3-3-8　经缎组织

第四节　非织造物

非织造布是指不经过传统的织布方法，而直接由纤维、纱线经过机械或化学加工，通过摩擦加固、抱合加固或黏合加固的方法，使之黏合或结合成的薄片状或者毛毡状的结构的纤维制品。

一、非织造物的发展趋势

非织造物从20世纪40年代开始工业生产，1942年，美国一家公司首次大批量生产出数千码非织造布，取名"nonwoven fabric"。我国从1958年开始对非织造布进行研究，1978年后开始走向发展的道路。并称之为"非织造布"（1984年由纺织工业部按产品特性定名）。

非织造物由于工艺流程短、产品原料来源广、产量高、成本低、品种多、适用范围广而迅速发展。同时，由于近年许多新型非织造布生产技术得以发展和商业化。化学工业的飞速发展，特别是塑料、合成高聚物和化学纤维的出现，性能优良的新型纤维和黏合剂的开发，生产非织造布的新型设备问世，新技术、新工艺的不断产生，使其应用领域与日俱增。

二、非织造物的特点

非织造物的特有结构，使其产品具有独特的性能，从而在很多用途的性能中表现出比传统纺织品具有更大的优越性。

1. 非织造物的结构蓬松、重量较轻

与机织物和针织物比较，非织造物大多厚而薄，结构蓬松，重量较轻。非织造物的这种构造，与其保温、透气和透湿等特性相关。

2. 非织造物各向特性任意

机织物、针织物的力学性能，根据经纬向不同而异。对于非织造物，能够较容易地产生出各向异性较大的不同产品。

3. 非织造物的强力

非织造物的强力，一般比机织物和针织物小。

4. 非织造物的风格

就其风格讲，非织造物与机织物和针织物有较大的不同，并且根据生产方法有很大差异。

三、非织造物的基本结构

由于非织造布是由纤维层构成（也包括由纱线层缝编构成）的纺织品，所以，其基本结构主要包括纤维网结构和纱线型缝编结构。

（一）纤维网结构

按照大多数纤维在纤维网结构中取向的趋势，纤维网结构基本上可分为纤维平行排列、纤维横向排列和纤维杂乱排列。在纤维网结构中，为了增加某些成网法所得纤维网的强度，

以满足使用要求，必须对纤维网进行加固。

纤维网加固的形式有如下几种。

1. 利用纤维网本身的纤维得到加固

（1）由纤维的缠结得到加固。采用机械加固法，例如针刺法、射流喷网法等形成。它通过纤维之间的相互缠结而达到加固，纤维大多以纤维束的形态进行缠结。

（2）由纤维形成线圈结构而得到加固。利用缝编机上槽针的针钩直接从纤维网中钩取纤维束而编织成圈，正面类似针织物。这类非织造布，一般要采用毛型化纤及其混纺纱。为了提高强力，通常要经过涂层、叠层、热收缩、浸渍黏合、喷洒黏合等后整理工序，适用于人造革底布、垫衬料、童装面料以及人造毛皮的底基等。

2. 由外加纱线加固

3. 由黏合剂或热黏合作用的带加固

（二）纱线型缝编结构

用缝编纱线按针织经编成圈方法使纤维网得到加固，所制织物比较粗厚，常用作保暖材料如衬垫等。近年已用于女装和童装。分纱线层——缝编纱型缝编结构和纱线型——毛圈型缝编结构两种。

思考与练习

1 机织物的组织有哪些？

2 什么叫经编针织物？什么叫纬编针织物？

3 机织物、针织物、非织造布的区别在哪里？

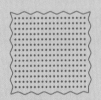

第四章

服装面料介绍

服装面料一般指的是服装最外层的材料，服装以面料制作而成，面料就是用来制作服装的材料。作为服装三要素之一，面料不仅可以诠释服装的风格和特性，而且对服装的色彩、造型的表现效果起着主要的作用。服装面料种类繁多，本章主要介绍不同面料的品种以及其风格特征。

第一节　天然纤维织物

现代服装设计理念中所提倡的返璞归真、回归本色最直接地体现在对服装面料的选择上。作为人类第二层肌肤的服装，越来越多的天然纤维面料被运用在回归自然的服装设计中。

一、棉织物

棉织物，是以棉纱为原材料的机织物，又称棉布。棉织物以其优良的服用性能使其成为运用最广泛的服装面料之一。

棉织物的服用性以及风格特征有：

（1）具有良好的吸湿性和透气性，纤维细而短，作为服饰品穿着舒适。

（2）具有良好的手感，光泽柔和，富有自然美感。

（3）具有良好的保暖性能，是理想的内衣材料。

（4）具有良好的染色性能，色谱齐全，但色牢度一般。

（5）具有良好的耐热性和耐光性，但长时间曝晒会引起退色和强力下降。

（6）棉织物弹力较差，抗皱性能较差，经防皱免烫处理可以提升其抗皱性和服装的保型性。

（7）棉织物耐碱不耐酸。

（8）棉织物不易虫蛀，但容易受到微生物和霉菌的侵蚀，服装保养应注意。

各类常用棉织物的风格特征及其服装适用性如下。

（一）平纹布类

基本特征：平纹组织结构、交织点多、正反面相同，织物平整、挺括、强度高、耐磨性好。

1. 平布

以棉纱织制而成，经纱和纬纱之间细度和密度相接近或相同。具有织物组织结构简单、结构紧密、表面平整的特点，但是织物缺乏弹性。主要品种：本色棉布分为：细平布、中平布、粗平布。风格特征如下。

（1）细平布：布身轻薄，平滑细腻，手感柔韧，布面平整光洁且杂质少，富有自然光泽。如图4-1-1。

（2）粗平布：外观和质地都较粗糙，但布身厚实、坚牢耐用，多用于服装衬料，如图4-1-2所示。

（3）中平布：介于二者之间，布面较匀整光洁，如图4-1-3所示。

在服装中的应用：细平布、中平布多可作为服装内衣及婴幼儿服装经济实用的衣料等，

图4-1-1　细平布

图4-1-2　粗平布

图4-1-3　中平布

粗平布可以做劳保服装面料，以及夹克和裤装等，如图4-1-4至图4-1-6所示。

2. 府绸

府绸是一种高支高密的平纹织物。风格特征：质地细密、轻薄、布面颗粒丰满且清晰，手感柔软、挺爽、光泽明亮并具有丝绸风格，如图4-1-7所示。

主要品种：府绸的品种较多，按照所用的纱线不同，有纱府绸、半线府绸和全线府绸；按照纺织工艺的不同，有普通府绸、半精梳府绸和全精梳府绸；按照印染加工情况不同，又

图4-1-4　平布的运用（Three As Four品牌）

图4-1-5　平布的运用（例外 品牌）

图4-1-6　平布的运用（裂帛 品牌）

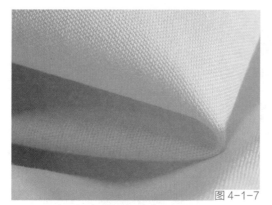

图4-1-7

图4-1-8

图4-1-9

有漂白府绸、杂色府绸和印花府绸等；按照织物的结构不同，还有条子府绸和提花府绸等。

在服装中的应用：适用于高级男式礼服衬衫、夏季女装，以及外衣、制服、裤料、风衣、夹克衫、童装衣料等，如图4-1-8，图4-1-9所示。

3. 巴厘纱

巴厘纱是一种轻薄的平纹织物。风格特征：它是棉织物中最薄的织物。巴厘纱布孔清晰、透气性好，手感挺括，具有"稀、薄、爽"的风格特征，在热带以及亚热带国家极为畅销，如图4-1-10所示。在服装中的应用：适用于服装中的夏季女装、童装、内衣、睡衣等，如图4-1-11所示。

4. 泡泡纱

泡泡纱为布面有凹凸效应的薄型平纹布（织物表面凸起的泡泡或有规律条状绉纹），一般是由织造时用不同张力的经纱织制。

风格特征：轻薄凉爽（透气），美观新颖，舒适柔软，不用熨烫，如图4-1-12所示。缺点是泡泡洗后可能消失，易磨损，保形性差。在服装中的应用：夏季少女衣裙、便装、睡衣裤、童装等，如图4-1-13，图4-1-14所示。

5. 帆布

帆布是平纹组织的粗厚织物，因其最初应用在帆船上，所以称为"帆布"。

风格特征：帆布具有粗犷的风格特征，布面挺括，结构紧密，坚牢耐用，如图4-1-15所示。在服装中的应用：一般应用于男女秋冬外套，以及夹克衫等，如图4-1-16至图4-1-18所示。

图4-1-7　府绸

图4-1-8　府绸衬衣（zara 品牌）

图4-1-9　府绸风衣（burberry 品牌）

图 4-1-10

图 4-1-13

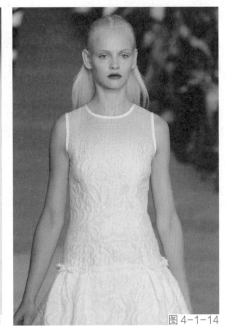

图 4-1-11

图 4-1-14

图 4-1-12

图 4-1-15

图4-1-10 巴厘纱

图4-1-11 巴厘纱的运用（Akris 品牌）

图4-1-12 泡泡纱

图4-1-13 泡泡纱运用于童装设计（OLD NAVY 品牌）

图4-1-14 花朵型泡泡纱运用于裙装设计（Prabal Gurung 品牌）

图4-1-15 帆布

图4-1-16　帆布运用于外套设计（burberry 品牌）

图4-1-17　帆布运用于包袋设计（burberry 品牌）

图4-1-18　帆布运用于包袋设计细节（burberry 品牌）

6．麻纱

布面纵向有细条织纹的轻薄棉织物。因挺爽如麻而称麻纱。

风格特征：表面有凸条（纵凸条）或条格外观，质地轻薄、透明、爽滑、细洁、透气、舒适，如图4-1-19所示。在服装中的应用：夏季男、女衬衫，女式衣裙、睡衣、内衣、饰品等，如图4-1-20所示。

7．牛津布

牛津布是一种具有特色的棉织物，又称牛津纺。

风格特征：牛津布起源于19世纪后期的英国，是以牛津大学校名来命名的一种衬衣面料，一般采用平纹变化组织，经纱的密度大于纬纱，面料手感柔软、气孔多、舒适，如图4-1-21所示。在服装中的应用：多用于制作男式衬衣，以及女式套裙和童装等，如图4-1-22所示。

（二）斜纹布类

基本特征：面料的表面有明显的斜向。采用斜纹组织，使织物表面呈现由经浮长或纬浮长线构成的斜向纹路，品种很多。

图4-1-19　麻纱

图4-1-20　麻纱运用于头饰设计（诗丹凯萨 品牌）

图4-1-21　牛津布

图4-1-22　牛津布运用于衬衣设计（GAP 品牌）

1. 斜纹布

斜纹布的织物组织为二上一下斜纹、45°左斜的棉织物。中厚的低档斜纹棉面，分粗斜纹布和细斜纹布。粗斜纹布纱支粗，经纬密度较小，如图4-1-23所示。

风格特征：较平布厚实，柔软，正面纹路清晰，有明显的斜向，反面织纹不明显。在服装中的应用：多用于休闲外衣、风衣、工作服、学生装等，如图4-1-24，图4-1-25所示。

2. 哔叽

哔叽是传统的中厚斜纹织物，是双面斜纹织物中结构较松散的一种织物。

风格特征：斜向纹路宽且清晰，经纱和纬纱密度和细度相接近，正反面相同，质地松软，如图4-1-26所示。在服装中的应用：多用于男、女外衣、裤子、时装等，如图4-1-27，图4-1-28所示。

3. 卡其

卡其本意：泥土。是棉织物中紧密度最大的一种斜纹织物。

风格特征：斜纹细密而清晰，质地结实，挺括耐穿，不易起毛，卡其的品种规格很多，按组织结构可分为单面卡其、双面卡其，如图4-1-29所示。在服装中的应用：可制各种制服、工作服、风衣、夹克等，如图4-1-30所示。

图 4-1-23

图 4-1-25

图 4-1-24

图4-1-23　斜纹布

图4-1-24　斜纹布运用于外套设计（zara 品牌）

图4-1-25　斜纹布运用于外套设计细节（zara 品牌）

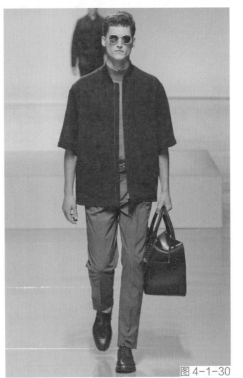

图4-1-26 哔叽

图4-1-27 哔叽运用于裤装设计（zara 品牌）

图4-1-28 哔叽运用于裤装设计细节（zara 品牌）

图4-1-29 卡其

图4-1-30 卡其运用于时装设计（Z Zegna 品牌）

4．华达呢

华达呢是双面斜纹织物。

风格特征：华达呢布面富有光泽，手感厚实而松软，布身挺括而不硬，耐磨损而不易折断，如图4-1-31所示。在服装中的应用：适用制服、工作服以及男、女外衣等，如图4-1-32，图4-1-33所示。

（三）缎纹布类

采用缎纹组织，经向（纬）浮长线长且覆盖于表面。因此，沿浮纱方向光滑，光泽好，柔软细腻。有经面缎、纬面缎两种。

1．直贡

直贡是采用经面缎纹组织织制的纯棉织物。

风格特征：直贡质地紧密厚实，手感柔软，布面光洁，富有光泽，如图4-1-34所示。在服装中的应用：适合制作各类女士服装，如外衣以及裙装等。

图4-1-31

图4-1-33

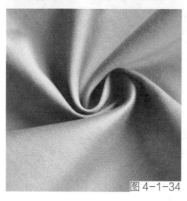

图4-1-34

图4-1-31　华达呢

图4-1-32　华达呢运用于风衣设计（burberry 品牌）

图4-1-33　华达呢运用于风衣设计细节（burberry 品牌）

图4-1-34　直贡

2. 横贡

横贡是棉织物中的高档产品，通常采用优质细特纱线，织物紧密。

风格特征：表面光洁润滑，手感柔软，反光较强，有丝绸风格，故又称横贡缎。但不耐磨，易起毛勾丝，洗涤时不可剧烈刷洗。在服装中的应用：成品主要为印花织物，适用于妇女衣裙、便服、高级衬衫、时装、儿童棉衣等。

（四）蜂巢织物

风格特征：表面浮长较长，图形立体感强，吸水性好，如图4-1-35所示。

在服装中的应用：可用女外衣、童装等，如图4-1-36所示。

（五）棉平绒

风格特征：是经二重、纬二重组织织物，质地坚牢，表面有细密绒毛，保暖性好，如图4-1-37所示。在服装中的应用：可做童装、裤子等，如图4-1-38，图4-1-39所示。

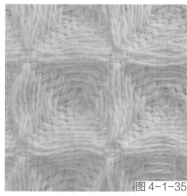

图4-1-35　蜂巢织物

图4-1-36　蜂巢织物运用于外套设计
　　　　　（梦芭莎 品牌）

图4-1-37　棉平绒

图4-1-38　棉平绒运用于西服设计
　　　　　（zara 品牌）

图4-1-39　棉平绒运用于西服设计细
　　　　　节（zara 品牌）

（六）灯芯绒

灯芯绒是纬纱起毛织物，（一组经纱与两组纬纱交织），毛纬和经纱交织经割绒后形成布面绒毛，再经整理形成粗细不同的绒条。

风格特征：手感柔软，纹路清晰，绒毛丰满，坚牢耐磨，如图4-1-40所示。在服装中的应用：适用于男女春秋服装，夹克、西裤、牛仔裤、工作服等，如图4-1-41所示。

（七）绒布

绒布是平纹棉布经单面或双面起绒加工而成。

风格特征：柔软，保暖性好，穿着舒适，如图4-1-42所示。在服装中的应用：男女睡衣、裤、衬衫和小孩内衣等，如图4-1-43所示。

图4-1-40

图4-1-41

图4-1-42

图4-1-43

图4-1-40　灯芯绒

图4-1-41　灯芯绒运用于外套设计（GAP 品牌）

图4-1-42　绒布

图4-1-43　绒布运用于睡衣设计（isyfen 品牌）

二、麻织物

麻织物是由麻纤维纺织加工而成的织物。相对其他天然纤维品种要少，但因有其独特的粗犷风格和凉爽透湿性能，加之近年来的回归自然的风潮，麻织物的品种也日渐丰富起来。目前，比较常见的是苎麻、亚麻织物。

麻织物的服用性以及风格特征有：麻织物手感较棉织物粗硬、挺括、干爽，尤其强力较大，而且湿强力更大。由于麻纤维成纱条干均匀度较差，麻织物表面有粗节纱和大肚纱，构成麻织物独特的风格。

（1）天然纤维中麻纤维的强力最大，其中苎麻大于亚麻，因此麻织物的质地都较坚牢耐用。

（2）各种麻布的吸湿性较好，而且吸、放湿速度快，易于散热，无粘身感，夏季穿着爽快舒适。因此是夏季服装的理想材料。

（3）各种麻织物都具有较好的防水性以及耐腐蚀性，不易霉烂且不虫蛀。但洗涤宜用冷水洗涤。织物水洗尺寸变化率大。

（4）麻织物染色性能一般，大多数的麻织物染色颜色较灰暗，色牢度比较差。

（5）麻织物具有较好的天然光泽，自然、柔和且明亮。本白或者是漂白的麻织物具有天然的乳白色、淡黄色以及铁灰色。

（6）各种麻织物均具有耐碱不耐酸的特点。

总的来讲，麻布衣料使人有干爽、利汗、高强、舒适和自然美感。价格较棉布低，所以市场潜力很大。各类常用麻织物的风格特征及其服装适用性如下。

（一）纯亚麻细纺

纯亚麻细纺是亚麻经过漂白的高支稀薄麻织物。

风格特征：亚麻布经过漂练、丝光，比原色布柔软光滑、洁白有弹性。具有细密、轻薄、挺括、滑爽以及较好的透气性能和舒适感。色泽以本白、漂白以及各种浅色为主。也有经染色而织成的色织物，如图4-1-44所示。在服装中的应用：夏季男女衬衫、礼服衬衫、女式衣裙及头巾等，如图4-1-45所示。

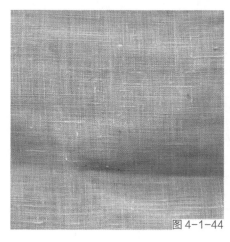

图 4-1-44

图 4-1-45

图4-1-44　纯亚麻细纺

图4-1-45　纯亚麻细纺运用于衬衣设计

（素然 品牌）

（二）夏布

夏布因在我国专用于夏季服装得名，是我国的传统纺织品之一。用手工绩麻成纱，再用木织机以手工的方式织成的苎麻面料。手工苎麻布俗称夏布，因其质量好坏不均一，故多用作蚊帐、麻衬、衬布用料；而机织苎麻布品质与外观均优于手工制夏布，布面紧密平整，匀净光洁，经漂白或染色后可制做各种服装。

风格特征：用做夏布的苎麻纤维较长，织物经过精练、漂白后，颜色洁白，光泽柔和，穿着挺爽，透气出汗，实属理想的夏季面料，如图4-1-46所示。在服装中的应用：适用于制作夏天的服装，如图4-1-47所示。

（三）混纺麻织物

1. 涤麻混纺布

涤麻混纺布是涤纶与麻纤维混纺纱织成的织物或经、纬纱中有一种采用涤麻混纺纱的织物。一般涤纶与亚麻混比为：65/35。

风格特征：涤麻布兼有涤纶与麻纤维性能，挺括透气，毛型感强，易洗快干，风格粗犷，服装保形性及外观均很好，如图4-1-48所示。在服装中的应用：适用夏季外衣和裙衣面料。

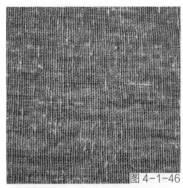

图4-1-46　夏布

图4-1-47　夏布运用于时装设计（NEEMIC 品牌）

图4-1-48　涤麻混纺色织布

2. 麻棉混纺布

麻棉混纺布一般外观上保持了麻织物独特的粗犷、挺括风格，又具有棉织物柔软的特性，改善了麻织物不够细洁、易起毛的缺点。麻与棉混纺比例为：55/45。棉麻交织布多为棉作经、麻作纬的交织物。

风格特征：质地坚牢爽滑，手感软于纯麻布，具有干爽挺括的风格，麻棉混纺交织织物多为轻薄型，适合夏季服装，如图4-1-49所示。在服装中的应用：可做春夏季衬衫面料。也可做外衣、工作服等，如图4-1-50，图4-1-51所示。

图4-1-49　棉麻混纺
图4-1-50　棉麻混纺运用于衬衣设计1（GAP 品牌）

图 4-1-50

图4-1-51　棉麻混纺运用于衬衣设计2（GAP 品牌）
图4-1-52　棉麻交织

图 4-1-51

图 4-1-52

图4-1-53

图4-1-54

图4-1-53 棉麻交织运用于外套设计（solosali 品牌）

图4-1-54 棉麻交织运用于外套设计细节 （solosali 品牌）

（四）交织麻织物

棉麻交织布：棉麻交织布是棉经麻纬的平纹布，采用中、精支纱、漂白处理而成的面料。

风格特征：这样的麻布质地细密紧密耐用，手感比纯麻布柔软，如图4-1-52所示。在服装中的应用：轻薄的棉麻交织布可做夏季衬衫，厚的棉麻交织布可以做裤料、外衣或工作服，如图4-1-53，图4-1-54所示。

三、毛织物

毛织物在天然纤维中以高档、天然著称，其原材料有羊毛、兔毛、驼毛以及化学纤维等，其中又以羊毛为主要原料。毛织物主要用于服装衣着行业，少量用于工业。毛织物按照加工方法以及外观特征可以分为精纺呢绒和粗纺呢绒。

以羊毛为主要原料的毛织物具有以下主要特征：

（1）羊毛织物具有良好的光泽感，光泽柔和、自然。手感柔软、具有较好的弹性。穿着美观舒适，属高中档服用面料。

（2）毛织物具有良好的保暖性以及吸湿性，因此很适合在湿冷的环境穿着以及秋冬季节理想的保暖材料。

（3）毛织物具有良好的弹性，并且回弹性也较好，不易起皱，织物表面挺括，具有良好的服装保型性。

（4）毛织物具有良好的染色性，且色牢度较好，色泽自然柔和。

（5）毛织物具有良好的耐磨性，在洗涤以及保养得当的情况下，能够久穿如新。

（6）毛织物耐酸不耐碱，一般洗涤宜使用中性洗涤液。

（7）毛织物的耐热性能不如棉纤维，熨烫时宜垫布熨烫。

（8）毛织物容易受到虫蛀以及微生物霉菌的侵蚀，存放应该注意通风干燥。

各类常用毛织物的风格特征及服装适用性如下。

（一）精纺毛织物

精纺毛织物，又称为精纺呢绒或者是精梳呢绒。是由精梳毛纱织制而成。因其毛的品质较高，毛纤维细，经过精梳的工艺后，毛织物表面光洁、织物纹理清晰，手感柔软，富有弹性，具有耐穿以及不容易变形的特点。适合做春、夏、秋高档衣料，西服面料，以及各种场合礼服面料。

1. 凡立丁

凡立丁又称：薄花呢。是传统毛织物中的轻薄型面料，一般适用于做夏季服装。

风格特征：材质上通常以全毛为主，也有混纺以及纯化学纤维等品种。织物表面采用的是平纹组织。色泽上多为浅色织物为主，具有织物清晰、光洁平整，手感柔软，轻薄挺括，以及良好的透气性的特点，如图4-1-55所示。在服装中的应用：适合做夏季男女上衣、西裤以及裙子等，也可以制作夏季的制服裤，如图4-1-56所示。

2. 派立司

派立司和凡立丁一样，也同样属于传统的轻薄毛纺面料。

风格特征：织物采用平纹组织织成双经双纬或者是双经单纬混色织物。因其采用的混色色纺工艺，从而形成了派立司呢面的独特风格特征：织物表面纵横交错，并呈现出不规整的十字花纹，色泽柔和，以浅色为主，表面光洁，质地轻薄，手感爽滑，具有良好的穿着性。在服装中的应用：多用于夏季男女外用套装、衬衣等。

3. 哔叽

哔叽是素色的斜纹精纺毛织物。通常采用2/2右斜纹组织，织物宽而平坦，经纬相交织点清晰。哔叽根据原料的不同可以分为：全毛、毛混纺以及纯化学纤维三类。按照工艺以及规格的不同又可分为：哔叽、中厚哔叽以及薄哔叽等。

风格特征：哔叽呢面光洁，斜纹清晰，质地紧密，具有良好的光泽感，手感柔软，悬垂性好。在服装中的应用：哔叽适合制作春秋季节男女各式服装以及各类制服。

4. 华达呢

华达呢是具有一定防水性的紧密斜纹精纺毛织物。呢面斜纹纹路清晰、细密，织物密度较高，经线的密度

图4-1-55　全毛凡立丁

图4-1-56　凡立丁运用于裤装设计

（Me&City 品牌）

图 4-1-55

图 4-1-56

是纬线的近一倍。

风格特征：华达呢表面平整光洁，手感挺括结实，质地紧密，富有弹性，以及良好的悬垂性。色泽以素色为主，光泽自然柔和。在服装中的应用：主要适用于服装外衣面料以及制服面料。

5. 啥味呢

啥味呢与哔叽基本上属于同一组织类型，织物均是2/2斜纹组织。

风格特征：啥味呢又称精纺法兰绒。与哔叽的主要区别在：哔叽通常为单一素色且呢面光洁，而啥味呢以条染混色夹花为主且呢面一般有绒毛。色泽也以深、中、浅的混灰色为主。啥味呢光泽柔和自然，绒毛细而短且平整整齐，手感柔软丰满，富有弹性，如图4-1-57所示。在服装中的应用：适合制作春秋男女西服、外套、夹克、风衣等，如图4-1-58所示。

6. 贡呢

贡呢为紧密细洁的中厚型缎纹毛织物。

风格特征：织物的表面呈细斜纹。斜纹角度在14°左右的称为横贡呢，斜纹角度在63°~76°的称为直贡呢。而通常我们所说的贡呢主要指的是直贡呢。贡呢呢面平整，织物紧密厚实，手感滑糯，光泽明亮。具有良好的弹性，但是耐磨性能差，容易起毛、钩丝。在服装中的应用：多用于制作秋冬服装以及高级礼服等。

7. 马裤呢

马裤呢是精梳毛纱织制而成的急斜纹厚型毛织物。经纬密度较高，经密大约是纬密的两倍，属经向紧密结构。呢面有较粗壮的斜向凸条纹，呈63°~76°急斜纹线条，正面右斜纹粗壮，反面左斜纹呈扁平纹路，织纹凹凸分明，斜纹清晰饱满。

风格特征：马裤呢因其坚牢耐磨，适合做骑马时穿着的裤子，也因而得名。织物较厚重，风格粗犷，结实耐用。色泽一般以深色系为主，如图4-1-59所示。在服装中的应用：适用于做运动服装以及军装、军大衣等。

图4-1-57

图4-1-58

图4-1-57　啥味呢

图4-1-58　啥味呢运用于服装设计（zara品牌）

8. 巧克丁

巧克丁是一种紧密的经密急斜纹织物，其外观呈现像针织物那样的明显的纹理，表面呈双根并列的急斜纹条子，斜纹角63°左右。没有马裤呢厚重，但是比马裤呢细腻挺括。

风格特征：因具有类似针织物的外观特征，呢面紧密细洁，有弹性，手感丰厚，光泽自然。在服装中的应用：适合于制作秋冬大衣、西服、制服以及夹克衫等。

9. 海力蒙

海力蒙是使用精纺毛纱织制的山形或人字形条状花纹的毛织物，这种花呢的表面的纹理花样像"鲱鱼骨头"。

风格特征：海力蒙呢面具有很明显的结构特点，呢面有纤细的沟纹。结构紧密，手感舒适，呢面具有轻微的绒面，如图4-1-60所示。在服装中的应用：适合制作各类西装、套装以及裙子等，如图4-1-61所示。

图 4-1-59

图 4-1-60

图 4-1-62

图 4-1-61

图4-1-59 马裤呢

图4-1-60 海力蒙

图4-1-61 海力蒙运用于外套设计 （justyle 品牌）

图4-1-62 海力蒙运用于外套设计细节（justyle 品牌）

10. 花呢

花呢是花式毛织物的总称，是精纺呢绒中重要品种之一。

风格特征：精纺和粗纺呢绒中花色品种最多的一类毛织物。它综合各种构作花样的方法，使织物外观呈点子、条、格等多种花型图案，如图4-1-63所示。在服装中的应用：宜做套装、上衣、西裤等，如图4-1-64所示。

11. 女衣呢

女衣呢是精纺毛纱织制而成的女装呢。

风格特征：具有重量轻，结构松，手感柔软以及色泽明丽的特点。女衣呢花色繁多，颜色鲜艳明快，图案细致活泼，织纹清晰新颖。并且在原料、纱线、织物组织、染整工艺等方面充分运用各种技法，使得织物具有装饰美感，如图4-1-65所示。在服装中的应用：女衣呢适合制作春秋季节女式服装。

（二）粗纺毛织物

粗纺毛织物：又称粗纺呢绒或粗梳呢绒，以粗梳毛纱织制而成。毛纱表面毛羽多，纱支也较粗，手感柔软且厚实，身骨挺实，保暖好。粗纺毛织物原料较广泛，一般经缩绒和起毛处理，表面有绒毛覆盖，不露或半露底纹。

图 4-1-63

图 4-1-65

图 4-1-64

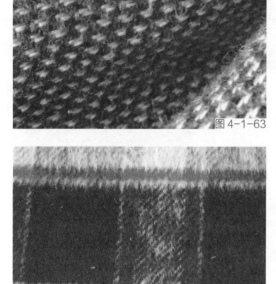

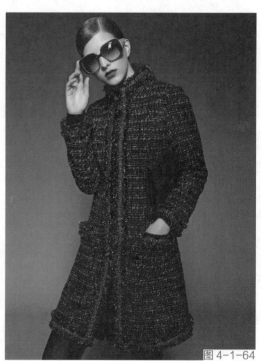

图4-1-63　花呢

图4-1-64　花呢运用于外套设计（chanel 品牌）

图4-1-65　女衣呢

1. 麦尔登

麦尔登是粗纺毛织物呢中的主要品种之一。

风格特征：织物结构紧密，经重缩绒整理，正反面都有细密绒毛覆盖，绒毛丰满密集，不露底纹。织物绒面细洁平整，手感丰满，挺括不易皱，富有弹性，具有防风防水性，耐磨不易起球起毛，色泽柔和美观。以深色为主，多染成藏青、黑色或其他深色，如图4-1-66所示。在服装中的应用：主要用于制作男女冬季的大衣、制服以及西裤等，如图4-1-67所示。

2. 大衣呢

大衣呢属于厚重型的粗纺织物。大衣呢多为起毛以及双层组织，质地丰厚，品种也比较多。原料除以羊毛作原料外，还常采用其他动物毛，如兔毛、羊绒、驼绒、马海毛等。由于其风格不同，可将大衣呢分为平厚大衣呢、立绒大衣呢、顺毛大衣呢、拷花大衣呢、花式大衣呢等。

（1）平厚大衣呢：平厚大衣呢根据原料的不同可以分为高、中、低三种。呢面平整，绒毛丰满且不露底，手感厚实舒适，不易起毛起球。主要适用于各式男、女长短大衣面料，如图4-1-68所示。

（2）立绒大衣呢：立绒大衣呢多采用斜纹或者是缎纹组织，织物的表面有密立平整的

图 4-1-66

图 4-1-68

图 4-1-67

图4-1-66 麦尔登

图4-1-67 麦尔登呢运用于外套设计（croquis 品牌）

图4-1-68 大衣呢

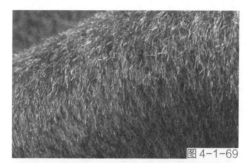

绒毛，质地厚实，手感丰满，光泽柔和，弹性好，不松烂。适合做男女大衣面料以及童装和套装面料。

（3）顺毛大衣呢：顺毛大衣呢绒毛整齐顺密且排列均匀，手感柔软爽滑温暖，具有较好的服用穿着舒适性，适合用于制作高档女大衣、时装等，如图4-1-69，图4-1-70所示。

（4）拷花大衣呢：拷花大衣呢是大衣呢中较厚重且高档的产品，呢面具有独特的拷花纹路。呢面毛茸丰满，呈现出人字或者是水浪的凹凸花纹，手感厚实且富有弹性。立绒拷花比顺毛拷花的绒毛短而密集，保暖性能更好。适用于制作高档的男女秋冬大衣，如图4-1-71所示。

3. 法兰绒

法兰绒属于高档混色粗纺呢绒，有纯毛纺和混纺两种。传统法兰绒采用混色毛纱，以斜纹或平纹组织织制，色泽以黑白混色为多，呈中灰、浅灰或深灰色。现在多以平纹组织织制，但是随品种的发展，现在也有很多素色及条格产品。

风格特征：法兰绒经缩绒、拉毛整理工艺处理后而成，表面有细洁的绒毛覆盖，半露底纹，呢面细洁平整，手感柔软丰满，混色均匀。在服装中的应用：适合制作春秋季节大衣以及风衣、套装、便装等。

4. 制服呢

制服呢是一种较低级的粗纺呢绒，亦称粗制服呢。

风格特征：制服呢表面有绒毛，不能完全被覆盖，而轻微露底。质地较厚实，且具有一定的保暖性，色泽一般以黑色或者是蓝色为主，价格低。在服装中的应用：制服呢多用于制作套装、上衣以及学生制服等。

图4-1-69　顺毛大衣呢

图4-1-70　顺毛大衣呢运用于大衣设计（Alaves 品牌）

图4-1-71　拷花大衣呢

5. 粗花呢

粗花呢是粗纺花呢的简称，是粗纺织物中用量较多的织物。

风格特征：以单纱或股线、花式纱，单色或混色纱做经纬，用各种花纹组织配合在一起，使呢面形成人字、条格、圈圈、点子、小花纹、提花等各种平面的或凹凸的花型，花色新颖，配色协调。在服装中的应用：多用于制作女时装、套装以及男女西装、上衣等。

6. 海军呢

海军呢是重缩绒、不起毛或轻起毛的呢面织物，织纹基本被毛茸覆盖，不露底，质地紧密。

风格特征：相对制服呢来说质地较紧密，表面有紧密绒毛覆盖，基本不见底纹，绒面细洁平整，基本不起球。海军呢多染成藏青，也有墨绿、草绿等色。在服装中的应用：适合制作男、女外套以及学生制服等。

7. 女式呢

女式呢又称"女服呢"、"女士呢"，因做女装而得名。常用原料有羊毛、化纤及珍贵的特种动物毛，配合采用各种斜纹组织、变化组织或绉组织，或各种小提花、大提花，可做成绒面结构各不相同的平素、立绒、松结构等多种产品。

风格特征：女衣呢手感柔软，丰厚保暖，风格不一，颜色齐全，但浅色居多。在服装中的应用：适于制作多种女式服装。

四、丝织物

丝织物是属于服装中的高档材料，主要以天然蚕丝纤维和各种人造丝、合成丝纤维构成，品种丰富，种类齐全。丝织物高贵华丽，细腻光洁，穿着舒适，因其优良的服用性，得到广泛的运用。在服装设计中既可以单独设计，又可以和其他品种面料搭配设计，能够制成风格多样的服装。丝织物按照其织物的组织结构和制造工艺来分类，一般可以分为十四类，即：纺、绉、绸、绫、罗、缎、锦、绡、绢、纱、绨、葛、绒、呢。

丝织物的原材料有：天然纤维的桑蚕丝、柞蚕丝，以及人造纤维丝、合成纤维丝。

丝织物的服用性以及风格特征如下：

（1）各类丝织物强度比毛织物高，但抗皱性比毛织物差。

（2）桑丝织物色泽洁白细腻，光泽柔和明亮，手感柔滑，悬垂飘逸，高雅华贵，有独特的"丝鸣声"，是高级服装衣料。

（3）柞丝织物色泽较黄暗，外观粗糙、手感柔而不爽滑。无论是弹性以及光洁度和柔软度均不如桑蚕丝织物。

（4）丝织物耐热性较棉织物和毛织物较好，但是熨烫的时候需要垫布熨烫。

（5）丝织物耐日光性在各类纤维中最差，曝晒会使得织物的弹力、弹性以及服用性能降低，色泽也会泛黄。

（6）丝织物不耐碱，洗涤的时候宜用中性的洗涤液以及柔和的洗涤方式。

（7）丝织物耐用性一般，洗涤后需要熨烫整理以恢复平整。

各类常用丝织物的风格特征及其服装适用性如下。

（一）纺类织物

采用桑蚕丝、绢丝、黏胶纤维或者是涤纶纤维为原料，织物组织为平纹组织，质地轻薄紧密的花、素、条格织物。经线、纬线一般不加捻，绸面平整、柔软。

1. 杭纺

杭纺主要产自浙江杭州一带，因而得名。

风格特征：织物结构采用农工丝或土丝的平纹织物，无正反之分，其重量是纺类产品中最重的一种，织物质地厚实坚牢，纹路清晰，绸面平整光滑，色泽柔和自然，手感滑爽挺括，穿着舒适凉爽，如图4-1-72所示。在服装中的应用：适合制作男女衬衣、便装以及外衣等，如图4-1-73所示。

2. 电力纺

电力纺也称纺绸，一般采用高级原料并合桑蚕丝为经纬线，以平纹组织织成的丝织物。

风格特征：电力纺绸面平挺滑爽，光泽柔和华丽，具有桑蚕丝的天然光泽。织物柔软轻薄，穿着舒适，飘逸透凉，如图4-1-74所示。在服装中的应用：适合制作男女衬衫、外衣等。

图4-1-72

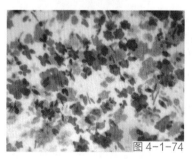

图4-1-74

图4-1-73

图4-1-72　杭纺

图4-1-73　杭纺运用于裤装设计

图4-1-74　电力纺

3. 绢纺

绢纺是以绢丝为原料织成的平纹织物，绢丝是用蚕茧下脚丝为原料纺成的短纤纱。

风格特征：绢纺绸面平整挺括，质地坚韧厚实而有弹性，但细看绸面有极细微的茸毛，光泽度上不及电力纺。穿着舒适凉爽，但是久藏易泛黄，如图4-1-75所示。在服装中的应用：适合制作男女衬衫、裙装，以及外衣等，如图4-1-76，图4-1-77所示。

（二）绉类织物

采用纯桑丝的紧捻纱、平纹织物。绸面有绉纹，有单绉、双绉（纬）等。绉类是传统丝织物品种，应用在平纹或其他组织，织物表面呈明显绉纹并富有弹性的织品。绉织物质地轻薄、密度稀疏、光泽柔和、手感滑爽而富有弹性，抗折皱性能好，作为服饰品透气舒适，不易紧贴皮肤，但是缩水率较大。

1. 双绉

双绉是用桑蚕丝为原料制成的优质薄型绉类织物，绸面呈现双向的细微绉纹，所以称双绉。

风格特征：双绉经向采用弱捻或不捻的生丝，纬向采用强捻生丝每两根左捻、两根右捻，轮流交换织入，经密平，而纬稀绉。绸面具有隐约可见的均匀的似绉非绉的微微绉粒，质地轻柔，富有弹性，缩水率大，如图4-1-78所示。在服装中的应用：一般适合制作女式衬衣以及裙子等，如图4-1-79所示。

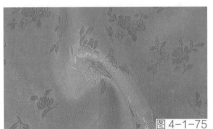

图4-1-75

图4-1-76

图4-1-77

图4-1-75　绢纺提花

图4-1-76　绢纺运用于裙装设计1（fredos 品牌）

图4-1-77　绢纺运用于裙装设计2（fredos 品牌）

2. 碧绉

碧绉也称为单绉，与双绉同属于平经绉纬的平纹组织。

风格特征：碧绉纬纱采用单向强捻纬丝且三根捻合为多。绸面有均匀的螺旋状粗斜纹闪光绉纹。碧绉绉纹略粗，质地紧密细致，手感滑爽，富有弹性，光泽柔和，绸身比双绉略厚，如图4-1-80所示。在服装中的应用：适合制作男女衬衣、外衣、便装等。

3. 乔其绉

乔其绉又名乔其纱，一般为平纹组织。织物密度较小，属生丝织品，经炼染后才成产品。经纬密度、捻度及捻向基本平衡。

风格特征：绸面分布着均匀绉纹与明显的纱孔，质地轻薄滑爽，透明飘逸，具有良好的悬垂和透气性，如图4-1-81所示。在服装中的应用：适合制作女式连衣裙、高级晚礼服等，如图4-1-82，图4-1-83所示。

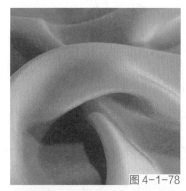

图4-1-78

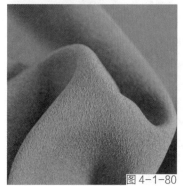

图4-1-80

图4-1-79

图4-1-78　双绉

图4-1-79　双绉运用于上衣设计（miccbeirn 品牌）

图4-1-80　碧绉

图 4-1-81

图 4-1-83

图 4-1-82

图4-1-81　乔其绉

图4-1-82　乔其绉运用于礼服设计

　　　　　（vera wang 品牌）

图4-1-83　乔其绉运用于礼服设计细节

　　　　　（vera wang 品牌）

（三）绸类织物

绸类织物一般是采用平纹或者各种变化组织织成的，原料为桑蚕丝、黏胶长丝等纯丝或是交织的质地紧密、厚实的提花组织和素织物。

1. 棉绸

棉绸由绢纺落棉为原料织成的厚实丝织物。

风格特征：棉绸质地坚牢，富有弹性，外观粗糙不平整，无光泽，织物表面散布粗细不匀的疙瘩，手感柔糯丰厚，具有粗犷美。因织品布满斑点疙瘩，又称疙瘩绸，如图4-1-84所示。在服装中的应用：适用于女式衬衣、便装等，如图4-1-85所示。

2. 柞丝绸

柞丝绸是以柞蚕丝为原料的丝绸织物，多以平纹或者是斜纹组织为主。

风格特征：其特点是织物有厚有薄，绸身挺括富有弹性，但在色泽、光洁、柔软等方面，均不及桑丝绸。在服装中的应用：适用于夏季的女式套装以及裙装等。

（四）绫类织物

绫类织物是表面呈斜纹的丝织物。

风格特征：经面斜纹为主，以桑丝与人造丝为原料，运用各种斜纹组织为地纹的花素织物，素织物采用单一斜纹或斜纹变化组织；花绫花样繁多，在斜纹地组织上常织有盘

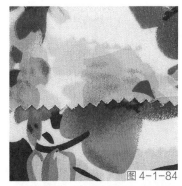

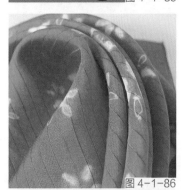

龙、对凤、环花、麒麟、孔雀、仙鹤、万字、寿团等民族传统纹样。常见品种有广绫、尼棉绫、美丽绸。绫类丝织物一般具有良好的光泽感，柔和且细腻，质地轻薄。在服装中的应用：适合制作女式衬衣、头巾等。

（五）罗类织物

罗类织物是用合股丝做经纬纱织成的绞经织物，绸面有绞纱形成的孔眼。

风格特征：织物的表面排列着整齐有规律的纱孔，罗纹均匀，纱孔清晰。罗类丝绸织物一般产自浙江杭州，又称杭罗。具有织物表面光洁平整，结构紧密细腻，柔软舒适，穿着挺括，透气性好的特点。杭罗服用性能较好，是理想的夏季男女服装材料，如图4-1-86所示。在服装中的应用：适合制作夏季男女衬衫、便装等。

（六）缎类织物

缎类织物是指以缎纹组织织成的光泽明亮且手感柔软爽滑的织物。表面平滑光亮，质地紧密，手感柔软，富有弹性，缺点是不耐磨，不耐洗。织锦缎是我国传统的熟织提花丝织品，是丝织物中最为精致的产品。

风格特征：织锦缎多为经缎起三色以上纬花，花

图4-1-84　棉绸

图4-1-85　棉绸运用于裙装设计（卡瑟蒂 品牌）

图4-1-86　杭罗

图4-1-87　织锦缎

图4-1-88　织锦缎运用于服装设计1（Ms Min品牌）

图4-1-89　织锦缎运用于服装设计2（Ms Min品牌）

纹精巧细致，以花卉图案为主，织物质地紧密厚实，其生产工艺复杂，美中不足的是其不耐磨，不耐洗。其典型纹样以中国传统的民族纹样见多，如梅兰竹菊、龙凤呈祥，万事如意等，如图4-1-87所示。在服装中的应用：通常可以用于制作礼服以及戏装、唐装等，如图4-1-88，图4-1-89所示。

（七）锦类织物

锦类织物同缎类丝织物类似，三色以上的缎纹织物即称为锦。

风格特征：是我国传统的高级多彩提花织物，一般采用的是色织提花熟织锦。多采用寓意具有吉祥如意等图案，因其花纹色彩多于三色，甚至多达三十种，织物外观瑰丽多彩，精致古朴，厚实丰满，如图4-1-90所示。在服装中的应用：一般适用于女式旗袍、上装、便装，以及礼服等。

（八）绡类织物

绡类织物的组织采用平纹组织，织成与纱组织有孔眼类似的轻薄透明织物。

风格特征：采用平纹或假纱组织的轻薄透明织品，一般呈透明或半透明状。质地透明轻薄，孔眼方正清晰，绸面平整，手感爽滑，柔软且富于弹性，如图4-1-91所示。在服装中的应用：适合用于制作婚纱、芭蕾舞衣裙、时装等衣料，如图4-1-92所示。

图4-1-90

图4-1-91

图4-1-92

图4-1-90　锦类织物 清晚期龙纹织锦

图4-1-91　真丝印花绡

图4-1-92　绡类织物运用于时装设计（KHANG T 品牌）

（九）绢类织物

绢类织物是桑丝与人造丝交织的平纹织物，通常采用平纹或者是重平纹组织，经纱、纬纱先经染色或者是部分、局部染色后进行色织或半色织套染的色织物。绸面细腻平整，手感挺括，坚韧且质地轻薄。

1．塔夫绸

塔夫绸是高档的丝绸品种，品种较多，属熟织绸。

风格特征：绸面紧密细腻、绸身坚韧光洁且平挺，花纹光亮突出，不易沾染尘土。但不宜折叠和重压，如图4-1-93所示。在服装中的应用：适合制作女式春秋装以及礼服等，如图4-1-94所示。

2．天香绢

天香绢也叫双纬花绸，有光人造丝作纬纱的平纹提缎纹闪光花纹的丝织品。

风格特征：织物花纹正面亮、反面暗，一般有二色或三色，与地成双色对比协调色泽，质地细密薄韧、手感滑软，耐穿性以及耐磨性均一般。在服装中的应用：适用于做女上衣、便装、旗袍等。

（十）纱类织物

纱类织物是采用加捻桑蚕丝做经纬织成的透明轻薄织物。

风格特征：织物质地透明而稀薄，并有细微的皱纹。具有透气性好、纱孔清晰、结构稳定、硬爽挺括等特点。常见产品有香云纱、庐山纱、夏夜纱等，如图4-1-95所示。在服装中的应用：通常适用于制作夏季衣服。

（十一）绨类织物

绨类织物常用人造丝为经纱、棉纱作纬，一般用平纹组织织制而成的丝织物。

风格特征：质地厚实，表面稍粗糙。绨类织物质地厚实，绸面粗糙，织纹简洁而清晰，有线绨与蜡纱绨之分。在服装中的应用：一般用于装饰类服装。

（十二）葛类织物

葛类织物是桑丝与人造丝的交织或全桑丝合股线为经纬织物用平纹、经重平、急斜纹组织织成的花、素丝织物。

风格特征：正面平纹，反面有缎背效应，色泽柔和，结实耐用，表面呈现明显横向凸纹。就其外观可分为不起花的素葛和提花葛两类。素葛表面素净无花，只呈现横棱纹；提花葛在横棱纹上起缎花，花纹光亮平滑，层次分明，外观富丽堂皇，是较高级的装饰织物。在服装中的应用：葛类织物因其质地厚实坚牢，多用于四季服装，适合制作各类男女式服装。

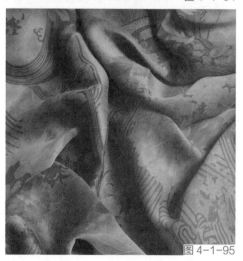

图4-1-93　塔夫绸

图4-1-94　塔夫绸运用于时装设计（Marchesa 品牌）

图4-1-95　缎面香云纱

（十三）绒类织物

绒类丝织物是指采用桑蚕丝或柞蚕丝与化学纤维的长丝交织而成，绸面呈绒毛或绒圈的起绒丝织物。

风格特征：织物表面覆盖茸茸的一层毛绒或毛圈，外观华丽富贵，色泽光亮，手感柔软且爽滑，是丝绸类中的高档织品，如图4-1-96所示。

在服装中的应用：适合制作女式旗袍、服饰品以及礼服等，如图4-1-97所示。

（十四）呢绒类织物

呢绒类织物是桑蚕丝与人造丝交织的起毛织物，应用各种组织和较粗的经纬丝线织制，具有毛织物的外观。

风格特征：表面绒毛密立，质地厚实，富有弹性。在服装中的应用：适合制作各式礼服以及女式旗袍、裙子等。

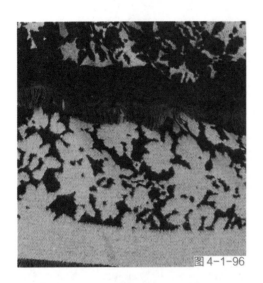

图4-1-96　丝绒

图4-1-97　丝绒运用于围巾设计（nangeangel 品牌）

第二节　化学纤维织物

天然纤维在现代服装设计中的运用总还是有一定的局限性，现代服装的发展也总是日新月异，而化学纤维织物的发展正好弥补了天然纤维的不足，并且在塑造织物以及服用性能方面也有着多样性。

一、人造纤维

人造纤维织物基本上是指黏胶纤维长丝和短纤维织物，即人们所熟知的人造棉、人造丝等。此外，也包含部分富纤织物和介于长丝与短纤维间的中长纤维织物。

黏胶纤维织物材质是由棉短絮、木材、芦苇等天然纤维材质经化学加工而成，其主要成分是纤维素纤维，具有良好的服用性，是人造纤维中运用最大的一种。

黏胶纤维织物服用性能特点如下：

（1）黏胶纤维织物质地柔软，光泽较好，手感爽滑，具有极佳的悬垂感。

（2）黏胶纤维织物具有良好的吸湿性，穿着舒适透气，特别适合制作夏季服装。

（3）黏胶纤维织物具有良好的染色性能，色谱齐全且颜色鲜艳，但是色牢度不够好。

（4）黏粘胶纤维织物弹性以及回弹性差，容易折皱，不易恢复，服装保型性差。

（5）黏胶纤维织物耐磨性较低，湿水后特别容易起毛以及破裂。

（6）黏胶纤维织物耐碱不耐酸，但是耐碱性不如棉。

各种常用黏胶纤维织物的风格特征及其服装适用性如下。

1. 黏胶短纤维织物

以100%棉型或中长型普通黏胶纤维或富纤为原料织成的织物。如：人造棉布、富纤布等。

风格特征：人造棉布是平纹组织织物，具有布身轻薄柔软、结构细密、透气性好、染色鲜艳、悬垂性好，但保型性差等特点。适宜制作夏季服装。富纤布是用棉型富纤为原料织成的平纹或者斜纹等织物，与黏胶纤维具有相似的特点。不同的是其染色不够鲜艳，手感挺爽，坚牢耐用，适宜做夏装、童装面料等，如图4-2-1所示。

2. 黏胶长纤维织物

黏胶长纤维织物是以黏胶长丝或富纤长丝为原料织成的丝绸织物，具有丝绸的风格，绸面光泽感强，手感爽滑，悬垂性好且不贴身。如：无光纺、有光纺、美丽绸等，如图4-2-2所示。

3. 黏胶纤维混纺、交织物

黏胶纤维混纺、交织物主要指黏胶纤维与合成纤维间或黏纤长丝与短纤维间的混纺、交织产品。

风格特征：手感丰润、毛感强，适合制作各类女装。富春纺则属人丝与人纤纱或棉纱的交织产品，质地坚牢，布面柔滑挺实，常用做服装里料，如图4-2-3所示。

人造纤维织物因其具有优良的吸湿性而优于其他化纤面料，但由于人造纤维织物下水洗

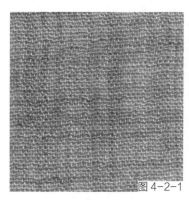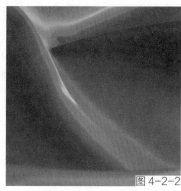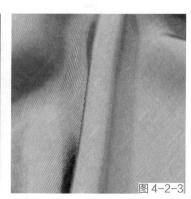

图4-2-1　人造棉布

图4-2-2　美丽绸

图4-2-3　无光斜纹富春纺

涤后会变硬、强力变差，因此洗涤时须注意，尽量不要用力揉搓。

二、涤纶织物

涤纶织物是日常生活中应用得较多的一种服用化学纤维织物。其最大的优点是具有优良的弹性以及回弹性且抗皱性和保形性很好。

涤纶纤维织物服用性能特点如下：

（1）涤纶织物具有较高的强度与弹性恢复能力。因此，具有良好的耐穿性和耐磨性，不易折皱，保型性好。

（2）涤纶织物吸湿性较差，穿着有闷热感，易带静电和沾污灰尘。不过洗后极易干燥，不变形，有良好的洗可穿性能。

（3）涤纶织物的耐热性和热稳定性在合纤织物中是最好的，具有热塑性，可制作百褶裙，褶裥持久。

（4）涤纶织物的抗熔性较差，遇着烟灰、火星等容易形成孔洞。因此，穿着时应尽量避免烟头、火花等的接触。

（5）涤纶织物具有良好的耐化学品性。同时不怕霉菌以及虫蛀。

各类常用涤纶纤维织物的风格特征及其服装适用性如下：

涤纶纤维织物的种类较多，除了纯纺织物外，还有许多和各种纺织纤维混纺或交织的产品。不仅更好地发挥了涤纶纤维的服用性，同时也弥补了其不足之处。

1. 涤纶仿真丝织物

涤纶仿真丝织物由涤纶长丝或短纤维纱线织成的具有真丝外观风格的涤纶纤维织物。

风格特征：具有抗皱免烫、价格低廉等特点。常见品种有：涤纶丝绸、涤纶丝缎、涤纶交织绸等。这些品种具有丝绸织物的外观特征，飘逸悬垂、手感滑爽、柔软舒适、具有良好的光泽感，又兼具涤纶面料的挺括耐磨、易洗免烫的特点。但是这类涤纶纤维织物吸湿透气性差，穿着起来不凉爽，容易起静电，如图4-2-4至图4-2-7所示。在服装中的应用：适合制作男女衬衣，以及夏季套装、裙装等，如图4-2-5，图4-2-7所示。

2. 涤纶仿毛织物

涤纶仿毛织物由涤纶长丝为原料，或用中长型涤纶短纤维与中长型黏胶或中长型腈纶混纺成纱后织成的具有呢绒风格的织物，分别称为精纺仿毛织物和中长仿毛织物。原料多采用涤纶加弹丝、涤纶网络丝、异形截面混纤丝。产品手感粗糙、干爽，润滑细腻、羊绒感，如图4-2-8，图4-2-9，图4-2-11所示。

风格特征：仿毛效果极佳，色泽也比纯毛织物光亮。既具有呢绒的手感，丰满膨松、弹性好的特性，又具备涤纶坚牢耐用、易洗快干、平整挺括、不易变形起毛、起球等特点。常见品种有：涤弹哔叽、涤弹华达呢、涤弹条花呢等，如图4-2-12、图4-2-13所示。在服装中的应用：适合制作男女西服以及裤装等，如图4-2-10，图4-2-14所示。

图4-2-4　涤纶丝绸
图4-2-5　涤纶丝绸运用于服装设计（nexiia 品牌）
图4-2-6　涤纶塔夫绸
图4-2-7　涤纶塔夫绸运用于服装设计
　　　　　（nike 品牌）

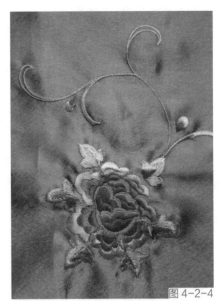

图 4-2-4

图 4-2-5

图 4-2-7

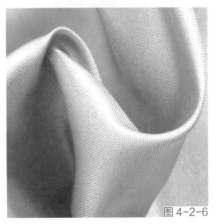

图 4-2-6

图4-2-8　涤纶仿毛织物

图4-2-9　涤纶仿中长毛织物

图4-2-10　涤纶仿中长毛织物运用于服装设计（ASOS 品牌）

图4-2-11　涤纶仿羊羔绒

图4-2-12　涤弹华达呢

图4-2-13　涤弹花呢

图4-2-14　涤弹花呢运用于服装设计（BCBG 品牌）

图4-2-15　涤纶仿麻织物

3. 涤纶仿麻织物

涤纶仿麻织物采用涤纶仿麻变形丝织成的平纹或凸条组织织物，具有麻织物的干爽手感和外观风格。

风格特征：但与纯麻相比，不仅外观粗犷，手感干爽，且穿着凉爽舒适，不起皱，洗可穿，不缩水，服用性能良好，如图4-2-15所示。在服装中的应用：很适宜制作夏季衬衫、裙衣等。

4. 涤纶仿麂皮织物

麂皮是一种小型鹿皮，绒毛细而密。一般涤纶纤维织成的机织物、针织物或无纺织物做基布，于经起毛磨绒等特殊加工整理，形成性能外观近似天然麂皮的涤纶绒面织物。

风格特征：具有质地柔软、绒毛细密丰满有弹性、手感丰润、坚牢耐用的风格特征。常见的有人造高级麂皮、人造优质麂皮和人造普通麂皮三种，如图4-2-16所示。在服装中的应用：适合做高级礼服、夹克衫、西服上装等，如图4-2-17所示。

三、锦纶纤维织物

锦纶面料以其优异的耐磨性和质地轻盈的良好的服用性著称，它不仅是羽绒服、登山服所用衣料的最佳选择，而且常与其他纤维混纺或交织纺，以提高织物的强度和坚牢度。

锦纶纤维织物服用性能特点如下。

（1）锦纶纤维织物的耐磨性能居各种天然纤维和化学纤维之首，因此其耐用性极佳。

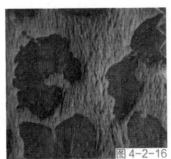

图4-2-16 涤纶仿麂皮织物

图4-2-17 涤纶仿麂皮织物运用于裙装设计（Mobius Studio 品牌）

图4-2-18

图4-2-19

图4-2-20

图4-2-21

图4-2-18　锦纶塔夫绸

图4-2-19　锦纶塔夫绸运用于服装设计（adidas 品牌）

图4-2-20　锦纶绉

图4-2-21　锦纶绉运用于丝巾设计（唐丝工坊 品牌）

（2）锦纶纤维织物的吸湿性在合成纤维织物中较好，因此用锦纶制作的服装穿着性和染色性比涤纶织物要好。

（3）锦纶纤维织物属轻型织物，在合成纤维织物中除丙纶、腈纶外，锦纶织物较轻。因此，适合制作登山服、羽绒衣等。

（4）锦纶纤维织物的弹性及回弹性较好，但在外力作用下容易变形，故其织物在穿用过程中易变皱折。

（5）锦纶纤维织物的耐热性和耐光性均差，在穿着使用过程中须注意洗涤、保养。

锦纶纤维面料可分为纯纺、混纺和交织物三大类，各类常用锦纶纤维织物的风格特征及其服装适用性如下。

1. 锦纶纯纺织物

锦纶纯纺织物是以锦纶丝为原料织成的各种织物，如锦纶塔夫绸、锦纶绉等。

风格特征：因用锦纶长丝织成，故有手感滑爽、坚牢耐用、穿着轻便，具有防风防水、价格适中的特点。但也存在织物易皱且不易恢复的缺点，如图4-2-18，图4-2-20所示。在服装中的应用：锦纶塔夫绸多用于做轻便服装、羽绒服或雨衣布，而锦纶绉则适合做夏季衣裙、春秋两用衫等，如图4-2-19，图4-2-21所示。

2. 锦纶混纺及交织物

锦纶混纺及交织物采用锦纶长丝或短纤维与其他纤维进行混纺或交织而获得的织物。

风格特征：呢身质地厚实，坚韧耐穿，但弹性差，易折皱，湿强下降，穿时易下垂，如图4-2-22，图4-2-23所示。在服装中的应用：适合制作男女西装以及春秋衫、风衣等，如图4-2-24，图4-2-25所示。

四、腈纶纤维织物

腈纶纤维织物，俗称人造毛。因此其特有的弹性以及蓬松度为服装行业提供了价廉物美的类

图4-2-22

图4-2-23

图4-2-24

图4-2-25

图4-2-22　锦涤混纺织物 30%涤纶 70%锦纶

图4-2-23　锦纶色织织物 63%棉 4%氨纶 33%锦纶

图4-2-24　锦纶混纺运用于服装设计（prada 品牌）

图4-2-25　锦纶混纺运用于服装设计（bottega veneta 品牌）

似羊毛织物，深受消费者喜爱。

　　腈纶纤维织物服用性能特点如下：

　　（1）腈纶纤维织物有合成羊毛之美称，拥有与天然羊毛相媲美的弹性及蓬松度。因此，其织物具有良好的保暖性。

　　（2）腈纶纤维织物有较好耐热性，居合成纤维第二位。且耐酸、氧化剂和有机溶剂。

　　（3）腈纶纤维织物具有良好的染色性，色泽艳丽。

　　（4）腈纶纤维织物在合纤织物中属较轻的织物，仅次于丙纶，因此它是好的轻便服装衣料。

　　（5）腈纶纤维织物吸湿性较差，容易沾污，穿着有闷气感，舒适性较差。

　　（6）腈纶纤维织物耐磨性差，是化学纤维织物中间耐磨性最差的品种。

　　腈纶面料的种类很多，有腈纶纯纺织物，也有腈纶混纺和交织织物。各类常用腈纶纤维织物的风格特征及其服装适用性如下。

1. 腈纶纯纺织物

　　腈纶纯纺织物采用100%的腈纶纤维制成。

　　风格特征：如100%的腈纶纤维制成的精纺腈纶女式呢，具有结构松散，色泽艳丽，手感柔软有弹性的特点。适合制作中低档女用服装。而采用100%的腈纶膨体纱为原料的腈纶膨体大衣呢，具有手感丰满，轻便保暖的毛型织物特征，适合制作春秋冬季大衣、便服等，如图4-2-26，图4-2-27所示。

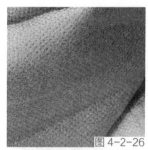

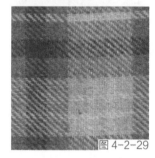

图4-2-26　腈纶纯纺织物

图4-2-27　腈纶纯纺运用于服饰品设计（嬷嬷茶女孩 品牌）

图4-2-28　腈纶混纺织物 18％涤纶 82％腈纶

图4-2-29　腈纶混纺织物 70％腈纶 30％羊毛

2. 腈纶混纺织物

腈纶混纺织物指以毛型或中长型腈纶与黏胶或涤纶混纺的织物。包括腈/黏华达呢、腈/黏女式呢、腈/涤花呢等。

风格特征：腈/黏华达呢以腈、黏各占50％的比例混纺而成。具有呢身紧密厚实，结实耐用，手感光滑、柔软、似毛华达呢的风格，但弹性较差，易起皱，适合制作低廉的裤子，如图4-2-28，图4-2-29所示。

腈/黏女式呢是以85％的腈纶和15％的黏胶混纺而成，多以绉组织织造，呢面微起毛。呢身轻薄，色泽鲜艳，耐用性好，但回弹力差，适宜做外衣。

腈/涤花呢是以腈、涤各占40％和60％混纺而成，以平纹、斜纹组织加工而成。故具有外观平整挺括，坚牢免烫的特点，但是舒适性较差。因此多用作外衣、西服套装、中档服装等。

五、丙纶纤维织物

丙纶纤维织物以快干、挺括爽滑等特点在现代服装中运用也较为广泛。丙纶纤维织物服用性能特点如下：

（1）丙纶纤维织物比重比较轻，因此很适合做冬季服装、滑雪服、登山服等的面料。

（2）丙纶纤维织物的吸湿性极小，因此其服装以快干、挺爽、不缩水等优点著称。

（3）丙纶纤维织物具有良好的耐磨性，并且强度较高，服装坚牢耐穿。

（4）丙纶纤维织物耐腐蚀，但不耐光、热，且易老化。

（5）丙纶纤维织物舒适性欠佳，染色性亦很差。

丙纶织物有纯纺、混纺和交织等类别。其中混纺和交织物多与棉纤维搭配，而纯丙纶织物则以帕丽绒大衣呢为代表。其服装适用性如下。

帕丽绒大衣呢：帕丽绒大衣呢是以原液染色丙纶毛圈纱织造而成的仿毛织物。

风格特征：具有独特的呢面毛圈风格，色泽鲜艳，质地轻薄，具有良好的保暖性和毛感，其最大的优点是易洗快干，价廉物美。在服装中的应用：适宜做青年装及儿童大衣等。

六、氨纶纤维织物

美国杜邦公司最早研制成氨纶丝，氨纶弹力织物因其特有的弹伸性备受宠爱，弹力织物种类很多。氨纶是聚氨酯类纤维，因其具有优异的弹力，故又名弹性纤维，在服装织物上得到了大量的应用。主要是棉涤、氨纶的混纺织物，氨纶一般不超过2%。主要做一些内衣、内裤、紧身衣、运动服，但现在也有外衣面料问世。这种衣服保形性好，特别合身，如图4-2-30所示。

氨纶纤维织物服用性能特点如下：

（1）氨纶弹性非常高，一般不会使用100%的氨纶织物，多在织物中混用5%～30%的比例。所得各种氨纶织物均具有15%～45%的舒适弹性。

（2）氨纶织物常以复合纱制成，即以氨纶为芯，用其他纤维做皮层制成包芯纱弹力织物，其对身体的适应性良好，很适合做紧身衣，无压迫感。

（3）氨纶织物主要用途在于紧身服、运动装、护身带及鞋底等的制作，如图4-2-31所示。

图4-2-30　氨纶莫代尔混纺织物 莫代尔95%　氨纶5%

图4-2-31　氨纶莫代尔混纺织物运用于内衣设计（monteamor 品牌）

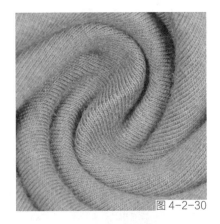

图4-2-30

图4-2-31

第三节　针织物

针织物是由线圈相互穿套连接而成的织物，原料主要是棉、麻、丝、毛等天然纤维以及化学纤维构成，是织物中除梭织物外的一大品种。针织面料具有质地柔软、吸湿透气，以及优良的弹性与延伸性，穿着舒适、贴身合体的特点。此外针织物组织变化丰富，品种繁多，外观别具特点，应用十分的广泛。针织物过去多用于内衣、T恤、汗衫等，现在随着针织业的发展以及新型整理工艺的研发，针织物的服用性能也有了很大的改观，从原来的内衣用料发展成风格独特的、具有系列化、潮流化、时尚化的面料。

一、针织物的服用性以及风格特征

1. 针织物具有良好的柔软透气性

针织物的基本结构单元是线圈，纱线呈弯曲的状态，线圈结构疏松，自由活动性比较强，纱线间空隙比较大，能够保存较多空气。所以针织物质地柔软，手感舒适，穿着舒服，具有极佳的透气性、吸湿性、保暖性。特别适合做内衣以及夏装、运动装的面料。

2. 针织物具有良好的回缩性

回缩性指的是针织物的拉伸性和弹性。由于针织物线圈间有较大的空隙，当受到拉力的作用时，针织物具有较大的延伸性，而当外力去除之后，织物也能够很快恢复到原来的形状，这就是针织物优越的拉伸性和弹性。

3. 针织物具有一定的脱散性

在受到外力的作用下如服装的裁剪，针织物的线圈会依次解除串套而彼此分离，这就是针织物的脱散性。针织物脱散性的程度与线圈的长度以及组织结构密切相关联。一般来说，线圈越长越容易脱散，纬编较经编容易脱散，脱散性会使针织物脱散性扩大，不仅影响织物表面的美观，而且会造成针织物破损，大大降低服装的使用性能和牢度。

4. 针织物具有尺寸不稳定性

针织物由于弹性和延伸性好，外力作用容易使其变形，所以尺寸不稳定，不易裁剪。而且针织服装因穿着受力或洗涤悬挂，容易变形，而且天然纤维的针织物易缩水，对服装外形会有很大的影响。

5. 针织物具有勾丝和起毛球性以及卷边性

由于针织物结构疏松，针织物的表面容易被尖硬物体勾起甚至勾断，而且针织物表面经过摩擦容易起毛球，从而会破坏服装的整体外观，降低服装的使用性。此外在使用的过程中，构成线圈的弯曲纱线力图恢复伸直，于是在针织物的边缘也容易发生卷边的现象。

二、针织物的分类

针织面料根据其针织特点分为纬编面料与经编面料两大类。按织物的生产用途分为内衣面料、外衣面料、衬衣面料、裙子面料和运动服面料。按织物表面的形态分为平面面料、绉面面料、毛圈面料、凹凸花面料等。按织物的印染工艺可分为漂白、浅色、深色、闪色与印花等。按织物的花色分为有素色面料、色织面料、印花面料等。

（一）纬编针织物

纬编针织物是由连续的单元线圈单向相互穿套连接而成，组织结构简单，采用平针组织，变化平针组织，罗纹平针组织等。它的品种较多，一般具有良好的弹性的延伸性，织物柔软，不过织物不够挺括，具有脱散性和严重的卷边性，化纤面料易于起毛、起球、钩丝。

纬纺面料使用原料广泛，有各种天然纤维以及化学纤维，也有各种混纺纱线。纬编针织物质地柔软，具有较大的延伸性、弹性以及良好的透气舒适性。根据不同的原料生产出不同风格的针织物，适用面很广，但挺括度和稳定性不及经编面料好。

1. 汗布

纬平针织物统称为汗布。风格特征：汗布布面整洁，质地细密、柔软，但卷边性、脱散性严重，如图4-3-1所示。在服装中的应用：一般制作汗衫、背心、T恤、运动服装、睡衣、平脚裤等，如图4-3-2所示。

2. 绒布

绒布是指织物的一面或两面覆盖着一层稠密短细绒毛的针织物，是花色针织物的一种。绒布分单面绒和双面绒两种。单面绒通常由衬垫针织物的反面经拉毛处理而形成。双面绒一般是在双面针织物的两面进行起毛整理而形成的。

风格特征：绒布具有手感柔软、织物厚实、保暖性好等特点。所用原料种类很多，底布通常用棉纱、混纺纱、涤纶纱或涤纶丝，起绒通常用较粗的棉纱、腈纶纱、毛纱或混纺纱等，如图4-3-3至图4-3-6所示。在服装中的应用：可用来制作冬季的绒线裤、运动装以及

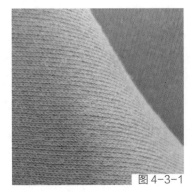

图 4-3-1

图 4-3-2

图4-3-1　汗布

图4-3-2　汗布运用于T恤设计（zara 品牌）

外衣等，如图4-3-7，图4-3-8所示。

3. 法兰绒面料

法兰绒面料是指用两根涤/腈混纺纱纺织的棉毛布。

风格特征：混色纱常采用散纤维，主要是黑白混色配成不同深浅的灰色或其他颜色，如图4-3-9，图4-3-11所示。在服装中的应用：法兰绒适宜制作针织西裤、上衣及童装等，如图4-3-10，图4-3-12所示。

4. 毛圈面料

毛圈面料是指织物的一面或两面有环状纱圈（又称毛圈）覆盖的针织物，是花色针织物的一种。毛圈在针织物表面按一定规律分布，就可形成花纹效应。毛圈针织物如经剪毛及其他后整理，便可获得针织绒类织物。毛圈面料分为单面毛圈织物和双面毛圈织物。

风格特征：其特点是手感柔软，质地厚实，有良好的吸水性和保暖性。毛圈面料所用的原料，通常是底纱用涤纶长丝、涤/棉混纱或锦纶丝等。

单面毛巾布是针织物的一面竖立着环状纱圈的针织物。它是由平针线圈和具有拉长沉降

图 4-3-3

图 4-3-5

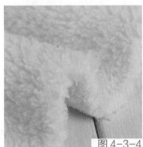
图 4-3-4

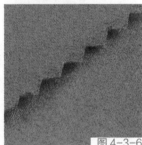
图 4-3-6

图 4-3-8

图4-3-3　单面绒布（长绒）

图4-3-4　双面绒布（长绒）

图4-3-5　单面绒布（短绒）

图4-3-6　双面绒布（短绒）

图4-3-7　单面绒布（短绒）运用于服装卫衣设计（H&M 品牌）

图4-3-8　单面绒布（短绒）运用于服装卫衣设计细节（H&M 品牌）

图 4-3-9

图 4-3-11

图 4-3-10

图 4-3-12

图4-3-9　法兰绒（精纺）

图4-3-10　法兰绒（精纺）织物运用于衬衣设计（zara 品牌）

图4-3-11　法兰绒（长绒）

图4-3-12　法兰绒（长绒）织物运用于服装设计（梦芭莎 品牌）

弧的毛圈线圈组合而成。单面毛巾布手感松软，具有良好延伸性、弹性、抗皱性、保暖性和吸湿性。常用于制作春秋季节的长袖衫、短袖衫，也可用于缝制睡衣。

　　双面毛巾布是指织物的两面竖立着环状纱圈的针织物，一般由平线圈或罗纹线圈与带有拉长沉降弧的线圈一起组合而成。双面毛巾布厚实，毛圈松软，具有良好的保暖性和吸湿性，对其一面或两面表面进行整理，可以改善产品外观和服用性能。织物两面的毛圈如果采用不同颜色或不同纤维的纱线织成，可以制作两面都能穿的服装，如图4-3-13，图4-3-14所示。

5. 罗纹面料

　　罗纹面料是由正面线圈纵行和反面线圈纵行，以一定形式组合相间配制而成的针织物。罗纹面料在横向拉伸时具有较大的弹性和延伸性，坯布裁剪时不会出现卷边现象，能逆纺织方向脱散。

风格特征：常被用于要求延伸性、弹性大和不卷边的地方，如袖口、裤脚、领口、袜口、服装下摆以及羊毛衫的边带等，也可作为弹力衫、裤的面料，如图4-3-15，图4-3-16所示。

（二）经编面料

经编针织面料常以涤纶、锦纶、丙纶等合纤长丝为原料，也有用棉、毛、丝、麻、化纤及其混纺纱作原料织制的。经编织物具有纵向尺寸稳定性好、挺括、脱散性小、不卷边、透气性好等优点，但其横向延伸、弹性和柔软性不如纬编针织物。

1. 经编涤纶面料

经编涤纶面料是采用相同旦数的低弹涤纶丝织制或以不同旦数的低弹丝作原料交织而成，常用的组织为经平组织与经绒组织结合的经平绒组织。织物再经染色加工而成素色面料，其花色有素色隐条、隐格、素色明条、明格、素色暗花、明花等。

风格特征：这种织物的布面平挺，色泽鲜艳，有厚型、中厚型和薄型之分，如图4-3-17所示。在服装中的应用：薄型的主要用以制作衬衫、裙子面料；中厚型、厚型的面料则可制作男女大衣、风衣、上装、套装、长裤等。

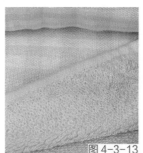

图4-3-13

图4-3-14

图4-3-16

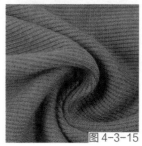

图4-3-15

图4-3-13　单面毛圈织物

图4-3-14　双面毛圈织物

图4-3-15　罗纹针织物

图4-3-16　罗纹针织物运用于服装设计（zara 品牌）

2. 经编起绒织物

经编起绒物常以涤纶丝等合纤或黏胶丝作原料，采用编链组织与变化经绒组织相间织制。

风格特征：面料经拉毛工艺加工后，外观似呢绒，绒面丰满，布身紧密厚实，手感挺括柔软，织物悬垂性好，织物易洗、快干、免烫，但在使用中静电积聚，易吸附灰尘。在服装中的应用：经编起绒面料主要用以制作冬令男女大衣、风衣、上衣、西裤等，如图4-3-18所示。

3. 经编网眼织物

经编网眼织物是以合成纤维、再生纤维、天然纤维为原料，采用变化经平组织等织制。

风格特征：服用网眼织物的质地轻薄，弹性和透气性好，手感滑爽柔挺，如图4-3-19所示。在服装中的应用：主要作为夏令男女衬衫面料等。

4. 经编丝绒织物

经编丝绒织物是采用拉舍尔经编织成由底布与毛绒纱构成的双层织物，以再生纤维、合成纤维或天然纤维作底布用纱，以腈纶等作毛绒纱，再经割绒机割绒后，成为两片单层丝绒。按绒面可分为平绒、条绒、色织绒等。各种绒面可同时用在织物上交叉布局，形成多种花色。

风格特征：这种织物的表面绒毛浓密耸立，手感厚实丰满、柔软，富有弹性，保暖性好，如图4-3-20所示。在服装中的应用：主要用于制作冬季服装、童装等。

5. 经编毛圈织物

经编毛圈织物是以合成纤维作底纱，棉纱或棉、合纤混纺纱作衬纬纱，以天然纤维、再生纤维、合成纤维作毛圈纱，采用毛圈组织织制的单面或双面毛圈织物。

风格特征：这种织物的手感丰满厚实，布身坚牢厚实，弹性、吸湿性、保暖性良好，毛圈结构稳定，具有良好的服用性能，如图4-3-21所示。在服装中的应用：主要用于制作运动服、翻领T恤、睡衣裤、童装等面料。

图 4-3-17

图 4-3-18

图 4-3-19

图 4-3-20

图 4-3-21

图 4-3-22

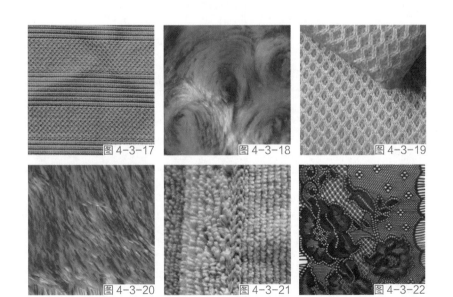

图4-3-17　经编涤纶提花织物

图4-3-18　经编起绒织物

图4-3-19　经编网眼织物

图4-3-20　经编丝绒织物

图4-3-21　经编毛圈织物

图4-3-22　经编针织提花织物

6. 经编提花织物

经编提花织物是以天然纤维、合成纤维为原料，在经编针织机上织制的提花织物。

风格特征：花纹清晰，有立体感，手感挺括，花形多变，悬垂性好，如图4-3-22所示。在服装中的应用：主要用于制作女士外衣、内衣及裙等。

思考与练习

1 天然织物与人造织物的性能有哪些区别？

2 棉织物是如何分类的？常见的品种有哪些？

3 麻织物的形态特征和性能特征如何？

4 丝织物的形态特征和性能特征如何？

5 毛织物的形态特征和性能特征如何？

6 分别收集棉织物、麻织物、丝织物、毛织物各10款。

7 什么叫人造纤维？其特征如何？

8 腈纶织物有哪些特点？

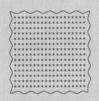

第五章

服装面料的鉴别

服装面料种类繁多，所用到的加工原料品种也很多。为了能正确辨别面料的原料构成、经纬向、正反面，在本章介绍了一些常用方法。对面料的性能区分和认识可以让我们更好、更合理地挑选面料，以达到更好的服装设计效果。

第一节　服装面料的识别

一、面料原料的鉴别

在面料的织物中有不同种类，简单分为：柔软型、厚重型、通透型、挺括型、光泽型，根据不同类型的材料进行合理的设计，可达到更好的服装效果。鉴别服装面料的原料，可以通过感观法、燃烧法、显微镜观察法、化学溶解法、药品着色法等。

（一）感观法

根据各种不同纤维织物的风格特征和特性，我们可以通过眼睛看和手摸来进行鉴定，要想鉴定的正确性比较高就要对各种纤维织物足够的熟悉。

1. 天然纤维

（1）棉类。棉织物光泽比较的柔和自然，手摸比较柔软带有温暖感。棉纤维带有各种杂质疵点，强力比较低容易拉裂，棉布在用手捏紧后放开有明显的折痕，纤维的回弹力低。精梳棉织物外观平整、均匀细腻，多为细薄织物。

（2）麻。麻纤维比较粗硬，常因胶质而集成小束。麻的优点是透气性、吸湿性、导热性好，而且强度比较高。手感硬挺凉爽，布面比较粗糙。起皱没有棉织物明显。

（3）毛。毛纤维长度相对于棉、麻较长，纤维卷曲富有弹性，用手捏不会有折痕，手感舒适。毛织物外观光泽自然，颜色莹润。精纺毛织物纹路清晰，外观精美细腻，织物中纱的经纬纱常用双股36～60公支毛线；粗纺毛织物纤维排列不整齐，结构蓬松外观多茸毛，经纬纱常用到的为单股4～16公支毛纱；长毛绒正面有几毫米的绒毛，手感柔软保暖性强。

（4）丝。丝织物光泽柔和，手感柔软平滑有凉爽感，真丝具有很强的伸度和弹性，抗皱性能比较差，用手捏可以看到折痕，反复揉搓可以听到独有的丝鸣声。吸湿性比较强，但是遇到水会收缩卷曲。人造丝手感没有真丝柔软稍显粗硬有湿冷感，衣料容易破碎。

2. 化学纤维

化学纤维光泽没有蚕丝柔和，手感滑腻。用目测的方法比较难以区分各种化学纤维种类。黏胶纤维的湿强比较低，涤纶、锦纶等合成纤维的强力高、伸长能力大，回弹性也比较好。

（二）燃烧法

通过借助火焰的燃烧对各种纤维在燃烧过程中的火焰、气味和灰烬等各种特征进行鉴别。燃烧只适合纯纺织物，不适合混纺和交织物。纤维或衣料经过防火、防燃其他的后期整理，其燃烧火焰特征也就发生变化。针对各种纤维的燃烧特征我们大致可以归类为以下几种，如表5-1-1所示。

表5-1-1　几种常见纤维的燃烧特征

纤维名称	接近火焰	在火焰中	离开火焰	燃烧时气味	烧后灰烬
棉、麻、黏胶纤维、富强纤维	不熔不缩	迅速燃烧	继续燃烧	有烧纸的气味	少量灰白色的灰末
毛、蚕丝	收缩不熔	渐渐燃烧	不易延烧，缓慢燃烧或熄灭	烧毛发、指甲的臭味	松而脆的黑色不规则块状或小球
涤纶	收缩、熔化	熔化燃烧、有熔液滴下	继续燃烧	有芳香族气味	硬黑色小球
锦纶	收缩、熔化	熔化燃烧、有熔液滴下	继续燃烧	有氨的气味	坚硬的褐色小球
腈纶	收缩、微熔发焦	熔化燃烧、有发光小火花	继续燃烧	有特殊的辛辣气味	坚硬的黑色球体
丙纶	缓慢收缩、熔化	熔化燃烧	继续燃烧	轻微的沥青气味	透明的块状
维纶	收缩软化	继续燃烧	继续燃烧	特殊的甜味	黑色块状
氯纶	收缩、熔化	熔化燃烧有大量的黑烟	自行熄灭	有刺鼻的氯化氢味道	松脆黑色硬块

（三）显微镜观察法

利用显微镜来观察各种不同纤维的外观形态、横断面、纵向形态并加以鉴定。这种方法可以应用于纯纺、交织和混纺的织物。显微镜下各种合成纤维的纵向都很平滑，呈棒状，截面大多为圆形，也有的呈哑铃型，不易区分，所以只能确定其大概类别，而无法确定其具体的品种。见下面表格各种纺织纤维的纵向和截面形态特征，如表5-1-2所示。

表5-1-2　各种纤维的纵向和截面形态

纤维名称	纵向形态	截面形态
棉	天然转曲	腰圆形，有中腔
羊毛	表面有鳞片	圆形或接近圆形，有毛髓
蚕丝	平滑	不规则三角形
苎麻	有横节，竖纹	腰圆形，有中腔及裂缝
亚麻	有横节，竖纹	多角形，中腔较小
黏胶纤维	纵向有沟槽	锯齿形，有皮芯层
维纶	有1~2根沟槽	腰圆形，有皮芯层
腈纶	平滑或有1~2根沟槽	圆形或哑铃形
涤纶、锦纶、丙纶	平滑	圆形

（四）溶解法

利用各种纤维在不同化学溶剂中的溶解性能称为溶解法。不同的纤维在不同的溶剂和不同浓度下的溶解程度，这种方法鉴定的准确值更高，广泛适应于分析混纺纱中纤维的含量。因为溶剂的浓度和温度对纤维的溶解有较明显的影响，因此在鉴定过程中对溶剂的浓度和温度要严格控制，如表5-1-3所示。

表5-1-3　常用纤维化学溶剂溶解性能

纤维名称	盐酸 37%24℃	硫酸 75%24℃	甲酸 85%24℃	氢氧化钠 5%煮沸	冰醋酸 24℃	间甲酚 24℃	二甲苯 24℃
棉	不溶解	溶解	不溶解	不溶解	不溶解	不溶解	不溶解
羊毛	不溶解	不溶解	不溶解	溶解	不溶解	不溶解	不溶解
蚕丝	溶解	溶解	不溶解	溶解	不溶解	不溶解	不溶解
麻	不溶解	溶解	不溶解	不溶解	不溶解	不溶解	不溶解
黏胶纤维	溶解	溶解	不溶解	不溶解	不溶解	不溶解	不溶解
醋酯纤维	溶解	溶解	溶解	部分溶解	溶解	溶解	不溶解
涤纶	不溶解	不溶解	不溶解	不溶解	不溶解	不溶解	不溶解
锦纶	溶解	溶解	溶解	不溶解	不溶解	不溶解	不溶解
腈纶	不溶解	微溶	不溶解	不溶解	不溶解	溶解 （93℃）	不溶解
维纶	溶解	溶解	溶解	不溶解	不溶解	不溶解	不溶解
丙纶	不溶解	不溶解	不溶解	不溶解	不溶解	不溶解	溶解
氯纶	不溶解	不溶解	不溶解	不溶解	不溶解	溶解 （93℃）	不溶解

（五）药品着色法

根据各种纤维对不同染料的着色性能差别来区分鉴别纤维。常用的方法分通用和专用两种。通用是着色剂由各种染料混合而成，可以对各种纤维着色后根据各种颜色来鉴别纤维，专用着色剂用来鉴定某一种特定的纤维。常用的着色剂为碘—碘化钾溶液，着色反应如表5-1-4所示。

表5-1-4　常见各种纤维着色反应

纤维名称	锡莱着色剂A着色	碘—碘化钾液着色
棉	蓝	不染色
麻	（亚麻）紫蓝	不染色
蚕丝	褐	淡黄
羊毛	鲜黄	淡黄

续表

纤维名称	锡莱着色剂A着色	碘—碘化钾液着色
涤纶	微红	不染色
锦纶	淡黄	黑褐
腈纶	微红	褐
黏胶纤维	紫红	黑蓝青

注：用20g碘溶解于100ml的碘化钾饱和溶液中，把纤维浸入30～60s，然后在水中冲洗干净就可以判别。

（六）荧光法

各种材料的结构基团不一样，对入射光的吸收率也不相同，对可见的入射光会显示出不同的颜色。利用紫外线荧光灯照射纤维，根据各种纤维发光的性质不同，纤维的荧光颜色也不相同。

（1）棉、羊毛纤维：淡黄色。

（2）丝光棉纤维：淡红色。

（3）黄麻、丝、锦纶纤维：淡蓝色。

（4）黏胶纤维：白色紫阴影。

（5）维纶有光纤维：淡黄色紫阴影。

二、面料经纬向的辨别

织物在形成过程中经向和纬向的诸多织造方法和参数不一样，最后在形成织物的经向和纬向的性质也产生很大的变化和差异。准确区分面料的经纬向对服装的制作有很大的作用。我们可以用以下方式来区分面料的经纬向。

（1）如被鉴别的面料有布面，则平行纱线方向的是经向，另一方是纬向。

（2）上浆的是经向，不上浆的是纬向。

（3）一般织品密度大的一方是经向，密度小的一方是纬向。

（4）箱痕明显的面料，箱痕方向就是经向。

（5）半线织物通常股线方向为经向，单纱为纬向。

（6）单纱织物的成纱捻抽不同时，Z捻向为经向，S捻向为纬向。

（7）面料的经纬纱特数、捻向、捻度都差异不大时，纱线条干均匀、光泽较好的为经向。

（8）毛巾织物起毛圈的纱线方向为经向，不起毛圈的为纬向。

（9）条子织物通常条子方向为经向。

（10）纱罗衣料有扭绞的纱向为经向，无扭绞的纱向为纬向。

（11）在不同的原料交织物中，一般棉毛或棉麻交织的面料，棉为经纱；毛丝交织物中丝为经纱；毛丝棉交织物中，丝、棉为经纱；天然丝与绢丝交织中，天然丝为经纱；天然丝与人造丝交织物中，天然丝为经纱。

（12）由于织物的用途广，品种也很多，对织物原料和组织结构的要求也是多种多样，因此在判断时还要根据织品的具体情况来确定。

三、面料的正反面确定

在拿到面料准备裁剪的时候要确定其经纬向、正反面，之后才能裁剪衣料和制作服装。面料的正反面识别尤为重要。

（1）一般织物花纹、色泽清晰美观的为正面。

（2）有条纹外观的织物和配色花纹织物，正面花纹必然清晰悦目。

（3）凸条及凹凸织物正面紧密而细腻，具有条状或图案凸纹；反面粗糙有较长的浮长线。

（4）起毛衣料：单面起毛衣料，起毛绒的一面为正面；双面起毛衣料以绒毛光洁、整齐的一面为正面。

（5）观察衣料的布边，布边光洁、整齐的一面为正面。

（6）双层或多层的衣料：如正反面的经纬密度不同，则正面一般具有较大的密度或原料较多。

（7）纱罗面料：纹路清晰、绞经突出的一面为正面。

（8）毛巾面料：毛圈密度大的一面为正面。

（9）印花面料：花型清晰，色泽较为鲜艳的一面为正面。

（10）整批衣料除出口产品外，凡粘贴有成品说明书（商标）和盖有出厂检验印章的一般为反面。

大多数面料的正反面有明显的区别。但是也有不少面料的正反面极为相似很难区分，此类面料两面都可以作为正面应用。

第二节　服装面料的外观鉴别

服装面料外观质量的鉴别是指面料表面上用肉眼可以观察到的各种影响面料外观质量的疵点。

一、原纱疵点

由纱疵而造成的布面疵点称为原纱疵点。常见的疵点有以下类型：

（1）粗经粗纬。粗经粗纬一般指重量比正常纱大1.3～2倍，粗细度比正常纱大2～3倍的经纬纱，在布的表面上表现为短的有1～2梭，长的有5梭以上。粗节纱在纬纱上表现比较明显。

（2）竹节纱。竹节纱指出现在面料2～3cm、3～5cm的粗节、细节纱段，其重量与粗细度比正常纱大3～5倍。目前在面料的品种中也有专门的竹节纱，而且在各类的面料中这种工艺在生产应用中非常广泛。

（3）细节。细节的重量与粗细度均为正常纱的0.8倍左右，其长度一般较长，本身粗细较为均匀。

二、原色布常见疵点

（1）破洞、跳花、豁边。布面上经纬纱共断经纱或纬纱3根及以上的称为破洞。跳花分为经向跳花、纬向跳花，是一根纱线在本来应该与相对纱线系统中的纱线相交错的地方并没有与之交错，而是在其上或下自由伸展，并列跳成规则或不规则的浮于布面的线条。边组织内经纬纱共断或单断经纱3根及以上的称为豁边。

（2）扎梭。梭子运行不正常，中途被筘打纬时扎住，部分经纱受损或断裂，形成菱形特稀的空隙。

（3）断纬。由于纬纱断裂而导致在织物的部分宽度上缺少纬纱。

（4）扭结纱。某根纱线中的一些纤维看起来显得很卷曲而且分不清纤维的方向。产生这种情况的原因是由于一些纱线纤维相对于绘图辊来说太长，从而导致在前一绘图辊松开这个纤维之前后一绘图辊就已经把这根纤维夹住了，这样就会使纤维折断和卷曲。扭结纱在织物中看起来就好像是细小的搓捻。

（5）边疵。有布边松紧不一、布边发毛、纬纱露出外边、布边凹凸不齐、坏边等。这是织物更换纬纱之前在织布机梭子上累积起来的过度张力，往往会限制织边纬纱的正常脱落以及交错。

（6）折痕。拆除有疵点部分的纬纱重新再织时，布面留有明显的短绒毛的横条痕迹或是织物在压力下自己折叠所产生的折痕。

（7）织入杂物。布面上被织入了除纤维杂质以外的其他污染物，如：飞花、木屑、铁片、回丝、棕毛等。

（8）油污。油污包括油经、油纬、油渍、锈经、锈纬、污水渍、浆斑等。

（9）不合规格。主要指在斜纹面料的时候纹路斜向织反，纱织用错，密度不符合规定，总经根数短缺以及其他不符合规格之处。

三、色织面料常见的疵点

原色织布的疵点也大多数会出现在色织布上，除此以外色织布还有自己常见的疵点。

（1）色花。由于纱线染色不均，成布后形成花斑，布面产生有深浅的色花。

（2）花纹不符。交错的形成或颜色的嵌入与织物的花纹设计相反或者不一样。产生这样的原因是由于机器工作不正常，也可能是由于色织在织布机通丝中的放置不正确。对针织物而言，缝线的形成或者颜色的嵌入与织物的花纹设计相反。

（3）沾色。纱线染色后，浮色未洗净或选用染料颜色不干净，与色纱相邻的白纱或浅色纱受到沾色，以致面料外表出现晕状花斑、色纹界线不清。

四、印染布常见疵点

（1）色条。沿经向延伸的线状、条状、阔条状的疵点。包括皱纹、油经、污纱等所造成的各种色条。

（2）色差。布面色泽与标准颜色有所差异，有的在一整匹面料中是布两头颜色不一，染色不均匀有深浅，幅宽左右有差异等。

（3）对花不准。印花过程中，由于印辊不同步而造成的花纹变形。

（4）多斑。织物表面有许多斑点。产生斑点的原因是由于织物上的颜料涂抹不均匀，也可能是由于织物对染料的吸收不均匀。

（5）歪斜。有纬斜和花格斜两种，纬斜是指织物的布料组织成为倾斜状态或者布料组织发生蛇行的扭曲状。印花布的花纹图案或格线发生歪斜称为花格斜。纬斜在色织布中属于常见疵点。

（6）条花。布面沿经向延伸或断续散布全匹，色泽有深浅不一的条状。

（7）横档。针织物中织物横列或在织物横向上通常会出现一些不均匀的花纹图案。纱线不均匀、纱线张力不均匀，以及纱线具有不同的染料亲和力等都有可能出现这种情况。

思考与练习

① 什么叫感观法？什么叫燃烧法？

② 如何确定面料的正反面？

③ 色织面料的常见疵点有哪些？

第六章

服装辅料

服装辅料的范围比较广，除了服装面料以外在服装上用到的统称为服装的辅料。服装辅料的所有性能都直接关系到成衣的品质、造型、舒适以及销售，所以辅料在服装成品上起着至关重要的作用。服装的辅料一般来说可以分为以下几类：服装里料、填充材料、服装衬垫材料、线类材料、紧扣类材料、装饰类材料等六个主要部分。

第一节　服装辅料的内容

在服装中构成服装的材料除了面料以外均为辅料。

一、服装里料的种类

天然纤维类：棉布里料、真丝里料。

化纤纤维类：黏胶纤维里料、醋酯纤维里料、铜氨纤维、涤纶或锦纶长丝里料、涤棉混纺里料、黏胶长丝与棉纱交织里料等。

二、填充材料种类

纤维材料：棉花、动物毛绒、丝绵、化纤填充材料。

天然毛皮和羽绒：天然毛皮、羽绒。

三、服装衬垫材料种类

衬的种类分为：棉衬、麻衬、马尾衬、黑炭衬。

化学类包括以下几种：

（1）树脂衬：麻织衬、全棉衬、化纤混纺衬、纯化纤衬。

（2）黏合衬：非织造黏合衬、梭织黏合衬、针织黏合衬、多段黏合衬、黑炭黏合衬、双面黏合衬。

（3）腰衬：裁剪型衬、防滑编织衬。

（4）领带衬：毛型类、化纤类。

（5）非织造衬：一般非织造衬、水溶性非织造衬。

垫料材料种类：肩垫、胸垫。

四、线类材料种类

天然纤维：棉线、丝线。

合成纤维：涤纶线、涤纶长丝线、锦纶线。

天然纤维与化纤纤维混合：涤棉混纺线、包芯线。

五、紧扣类材料种类

主要的紧扣材料的种类有纽扣、绳带、拉链、钩环、尼龙搭扣等。

1. 纽扣

天然类：贝壳纽扣、椰子纽扣、木质纽扣。

化纤类：树脂纽扣、电玉纽扣、胶木纽扣、有机玻璃扣、塑料扣。

2. 拉链

拉链包括开尾拉链和闭尾拉链。材质分金属拉链和非金属拉链。

六、装饰类材料种类

花边的种类：棉线花边、水溶花边、刺绣花边、手工钩针花边、经编花边。

亮片：水银片、镭射片、珠光片、七彩片、亚光片等。

珠子：陶瓷珠、琉璃珠、琉璃样卡、潘多拉珠等。

罗纹：1×1罗纹、2×1罗纹、2×2罗纹、氨纶罗纹、双面罗纹。

第二节　服装里料与填充材料

一、服装里料

服装的里料是指衬在服装成品里面的材料，也称作夹层布。

里料的用途有以下几项：

（1）使服装更具有保暖性和耐穿性。由于多了一层夹里加厚了服装，所以提高了服装对人体的保暖性；同时里子还能对服装起到保护作用，特别是在冬天的绒类面料，多了一层夹里就减少了衣服反面的摩擦，保护面料不被玷污，减少磨损。

（2）使服装具有更好的保型性。服装在里料的支撑下具有更好的挺括性，减少了服装的变形和起皱。在一些针织面料的设计应用中，里子可以在一定程度上防止服装的伸长和变形。

（3）使服装穿脱更为方便。由于大多数的服装里子比较柔软光滑，多了一层夹里穿着更为方便。特别是在一些合体的服装因为有里子的衬托就没有缝头的摩擦，也可以防止服装因为运动而产生的扭动，更好地保护服装及其外形。

二、里料的种类

服装的里料和面料一样可以按照不同的种类进行分类。从组织上分类可以有平纹、斜纹、缎纹和提花；从染整上可以分为什色、印花、色织以及其他整理工艺等。从加工的原料上分为以下几种类别。

（一）天然纤维里料

1. 棉布类

纯棉的里布主要是市布、粗布、绒布、条格布等，不管是针织还是梭织的都具有很好的透气性和吸湿性，不起静电，穿着舒服。它的耐碱性比较好，但是不耐酸，可以高温蒸煮消毒；另外棉布的花色和颜色种类比较齐全，而且价格低廉。棉布里料的缺点是容易起皱，不方便整理，颜色的牢固度不是特别的好，纤维的弹性比较低，光泽感不够好。棉布类很适合做婴幼儿服装、夹克、裤子等便服，如图6-2-1至图6-2-3所示。

2. 真丝类

真丝的里料常用到的有电力纺、塔夫绸、花软缎等。真丝的吸湿性强、透气性好，穿着凉爽，手感轻、滑、柔软，不起静电。色泽鲜艳光亮，但是不耐碱和光，不宜勤洗。它的经纬纱容易钩挂，在生产过程中比较困难。真丝的价格比较高，在做高档服装时才会用到，如图6-2-4，图6-2-5所示。

（二）化纤类里料

1. 黏胶纤维

黏胶纤维具有良好的透气性和吸湿性以及舒适性，色彩鲜艳、颜色齐全、光泽感强，一般被用作中高档服装里料。黏胶纤维的不足之处有弹性差、容易起皱、起静电。当用作里料的时候在运动幅度较大的地方要放多一些余量以防止豁边，在洗涤的时候也要注意不能用力搓洗以免损坏，如图6-2-6至图6-2-8所示。

图6-2-1　　　　　　　　　　图6-2-2　　　　　　　　　　图6-2-3

图6-2-4　　　　　　　　　　图6-2-5

图6-2-1　棉布里料运用于服装设计1（Burberry品牌）

图6-2-2　棉布里料运用于服装设计2（Burberry品牌）

图6-2-3　棉布里料运用于服装设计细节（Burberry品牌）

图6-2-4　真丝里料运用于领带设计（Marja Kruki 品牌）

图6-2-5　真丝里料运用于领带设计细节（Marja Kruki 品牌）

2. 醋酯纤维、铜氨纤维

醋酯纤维和铜氨纤维都是新开发的再生纤维素纤维，具有很好的吸湿性和服用性能，还有很好的悬垂性，手感柔软，具有光泽感，易洗易干，也不霉蛀，是理想的高档服装里料。除了用在里料方面以外也还会被用作内衣、童装、浴衣以及装饰织物等，如图6-2-9，图6-2-10所示。

3. 涤纶

涤纶的强度、弹性高、耐磨耐光以及耐腐蚀性能比较好，手感爽滑、平挺，不起皱，具有很好的洗可穿性，但是涤纶的吸湿性较差，在用作服装里料时穿着会有闷热感，容易起静电沾灰尘，作为外衣服穿着影响美观和舒适性。涤纶里料有涤纶塔夫绸、美丽绸、细纹绸等，如图6-2-11至图6-2-13所示。

4. 锦纶

相对于涤纶来说锦纶的光泽比较暗淡，锦纶的吸湿性和染色性比涤纶好，强力和耐磨性很好，居所有服装材料的首位。缺点是透气性比较差，易产生静电，不具有洗可穿性，不挺括。被用作里料的锦纶有平纹尼丝纺、斜纹尼丝纺、锦纶长丝的塔夫绸等主要品种，如图6-2-14至图6-2-16所示。

图 6-2-6　　　　　　　　　　　图 6-2-7　　　　　　　　　　　图 6-2-8

图 6-2-9　　　　　　　　图 6-2-10

图6-2-6　黏胶纤维里料运用于服装设计1（Dolce&Gabbana 品牌）

图6-2-7　黏胶纤维里料运用于服装设计2（Dolce&Gabbana 品牌）

图6-2-8　黏胶纤维里料运用于服装设计细节（Dolce&Gabbana 品牌）

图6-2-9　铜氨纤维里料运用于服装设计1（Giorgio Armani 品牌）

图6-2-10　铜氨纤维里料运用于服装设计2（Giorgio Armani 品牌）

图6-2-11　涤纶里料运用于服装设计1（Giorgio Armani 品牌）

图6-2-12　涤纶里料运用于服装设计2（Giorgio Armani 品牌）

图6-2-13　涤纶里料运用于服装设计细节（Giorgio Armani 品牌）

图6-2-14　锦纶里料运用于服装设计1（Giorgio Armani 品牌）

图6-2-15　锦纶里料运用于服装设计2（Giorgio Armani 品牌）

图6-2-16　锦纶里料运用于服装设计细节（Giorgio Armani 品牌）

（三）混纺和交织里料

1. 涤棉混纺

涤棉也就是常说的的确良，它的弹性和耐磨性都比较好，尺寸比较稳定、挺括不易褶皱。通透性不如棉的好，不能用高温熨烫和沸水浸泡。在里料中价格适中，适合各种面料服装的里料应用，常用于风衣、夹克等，如图6-2-17至图6-2-19所示。

2. 黏胶长丝与棉纱交织

黏胶长丝具有光滑凉爽、透气、抗静电、色彩鲜艳等特性，黏胶长丝出于棉而优于棉和棉纱交织成的斜纹织物羽纱里料，质地厚实、耐磨性好、缝制加工方便，适合各种类型服装的里料应用，如图6-2-20至图6-2-22所示。

除了以上几种类别的服装里料以外，还有各种毛皮和毛织物，它们的保暖性强，穿着舒服，适合冬天的皮革服装。

图6-2-17　涤棉混纺里料运用于服装设计1（Burberry 品牌）

图6-2-18　涤棉混纺里料运用于服装设计2（Burberry 品牌）

图6-2-19　涤棉混纺里料运用于服装设计细节（Burberry 品牌）

图6-2-20　黏胶长丝与棉纱交织里料运用于服装设计1（Burberry 品牌）

图6-2-21　黏胶长丝与棉纱交织里料运用于服装设计2（Burberry 品牌）

图6-2-22　黏胶长丝与棉纱交织里料运用于服装设计细节（Burberry 品牌）

三、服装里料的应用与选配原则

1. 选择相同性能的里料与面料搭配

服装里料的物理性能主要针对缩水率、耐热耐磨性、比重以及厚度。在里布的使用前要进行缩水处理，两者之间的缩水比例要相当，否则容易导致服装变形。里料应比面料轻薄，在同样是棉布的情况下，里料的棉布一定要比面料薄，棉布的面料不适合选配带有轻飘感的面料。在特殊环境中服装的穿着功能更要注重服装里料的选择，例如，消防服装除了面料，里料也要具有一定的耐高温、阻燃、抗腐蚀等特殊性能。里料与面料的性能要相同才能达到服装更好的效果。

2. 面料和里料的颜色要求协调一致

面料与里料的颜色选择一般都要求协调，特别是在男装的应用中更是要求严格，在颜色不能达到一致的情况下，里料的颜色选择要比面料的颜色浅。女装相对灵活，会出现不同颜色的搭配，但是总的来说里料的颜色不能深过面料的颜色，除了不影响服装的整体效果外，也以免里料的洗涤以及摩擦使面料沾色。在选择里料的时候不但是要注意里料本身的颜色、耐脏以及耐磨性，还应该考虑服装的穿着场合和用途。

3. 使用和面料档次相当的里料

里料的价格也是成本预算当中的一份，高档的面料应该选择有一定档次、价格适宜的里料搭配。这样不但可以提升成衣的价格，也提高了面料的档次。不同的面料选择相适应的里料作为搭配，要做到经济、实用、美观。

四、服装的填充材料

夹在服装面料与里料之间的材料为服装的填充材料，作用为保暖、抗菌、保健等。现在我们日常生活中服装的填充材料除了保暖以外多趋向于功能性。

从材料的分类上我们可以分为以下几种。

（一）纤维材料

（1）棉花。棉花比较蓬松，中间保含了很多静止空气，保暖性很强，棉花的吸湿、透气性很好，但是棉花在水洗后很难干，而且容易变形。由于价格便宜、穿着舒适，多用于婴幼儿、童装和一些中低档服装的填充材料。

（2）动物绒毛。常用到的动物绒毛有驼绒和羊毛绒，都是高档的保暖材料，羊绒蓬松保暖、舒适；驼绒纤维为中空竹节状结构，有轻、柔、暖的特点，更有利于保暖御寒。

（3）丝绵。是由蚕茧茧丝或剥取蚕茧表面的乱丝整理而成，丝绵光滑而柔软、质地轻而薄，是很好的保暖材料，价格高，多用于高档服装。

（4）化纤类。随着科技的发展，化纤棉的种类繁多，在服装中用到的化纤棉有腈纶棉、洗水棉、针棉等，它们手感柔顺、保暖性很好、回弹性好、透气性强，还耐水洗，还可以根据尺寸任意裁剪，价格便宜，是理想的填充物，如图6-2-23所示。

（二）天然材料

（1）羽绒。是以鸭绒为主要原材，当中也还会有用到鸡、雁、鹅等绒毛，在御寒原料中备受人们喜爱，是因为导热系数小，蓬松感强。在服装中含绒量越多，保暖性也就越好。在使用时要注意羽绒要清洗干净并做消毒处理，面料和里料质地要紧密以防止在穿着过程中有羽绒往外飞。羽绒的来源小，含绒量高的服装价钱也就比较高，羽绒也就变成了高档服装中才使用的填充材料，如图6-2-24所示。

（2）天然毛皮。天然皮毛的皮板厚实，具有很好的挡风效果，毛皮的毛被粗毛弯曲蓬松，绒毛中贮有大量空气，因而保暖性很好。高档的毛皮多用于裘皮服装，而中、低档的皮毛常被加工成皮袄，皮袄有里有面，皮毛就起到一个填充材料的作用，如图6-2-25所示。

（三）人造毛皮

由羊毛或毛与化纤混纺织成的人造皮毛以及精梳毛纱及棉纱交织的立绒长毛绒物是很好的高档保暖材料，它们制成的防寒服装保暖轻便，耐穿性好，价格低廉。人造毛皮不及天然毛皮保暖性好，但是轻柔美观。

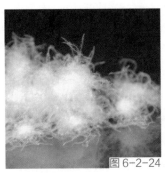

图6-2-23

图6-2-24

图6-2-25

图6-2-23 洗水棉

图6-2-24 羽绒

图6-2-25 羊剪绒裘皮材料

（四）泡沫塑料

泡沫有许多贮存空气的微孔，蓬松、轻而保暖。用塑料泡沫作填充的服装挺括而富有弹性，裁剪加工也比较简单，价格便宜。由于不透气，舒适性比较差，容易老化，所以没有被广泛使用。

（五）混合填充料

由于羽绒的用量大而且成本比较高，以50%的羽绒和50%的0.03～0.05tex（0.3～0.5旦）细且涤纶混合使用比较好，可以使其更加蓬松，提高保暖性并降低成本。也有70%的驼绒和30%的腈纶混合的填充料，混合填充有利于材料特性的充分利用，降低成本和提高保暖性。

第三节 服装衬垫材料

一、服装衬料的作用

在服装中衬料起着支撑和定型的作用。它可以是一层或者几层，主要应用于领子、袖口、口袋及袋盖、挂面、胸部、腰头等位置。衬布所在的位置不同，所存在的目的、作用和用衬也不相同。衬料在服装中所起到的作用有如下几点。

1. 使服装达到理想的工艺效果

在不影响面料手感和风格的情况下，衬布的使用可使服装更为轻松简单的达到理想的工艺要求。使服装造型更为美观。如：西装的胸衬使服装前胸更为饱满更富有立体感。

2. 提高服装的抗皱能力

在服装的领子中衬布的作用，可以使其平挺无褶皱。在轻薄面料的加工过程中可以起保护和固定的作用。

3. 稳定服装的尺寸和结构

服装裁片中的弧线和斜丝裁剪中，为了保证其不会变形可以用衬拉小嵌条以稳定部位的尺寸和结构。

4. 提高服装的加工性和保暖性

一些轻薄面料在加工过程中比较困难，衬布的使用可以让面料的缝纫更好把握。另外在服装衬布的使用增加了厚度和紧密型，使服装更具有保暖性。

二、衬料的种类和用途

按照衬料原料的种类我们可以分为：棉、麻衬、毛衬、化学衬、纸衬四大类；从加工的方式分为棉麻衬、马尾衬、黑炭衬、树脂衬、粘合衬、腰衬、领带衬及非织造衬八大类。

1. 棉、麻衬布

棉、麻衬布是未经过整理加工或单指上浆硬挺整理的衬布。棉布衬有市布、粗布和细布，都可以作为一般服装质量的衬布。麻衬布具有一定的弹性和韧性，被广泛应用于各类毛料制服、西装、大衣等服装中。

2. 毛衬

毛衬主要包括黑炭衬和马尾衬。黑炭衬是用动物纤维（山羊毛、牦牛毛、人发等）或毛混纺纱为纬纱、棉或棉混纺纱为经纱加工成基布，再经定型和树脂加工而成。黑炭衬和马尾衬具有很好的弹性、较好的尺寸稳定性及各向异性的特征。主要应用于西装、大衣、制服、上衣等服装前身、肩、袖等位置。马尾衬主要用于肩、胸等部位。

3. 树脂衬

树脂衬是棉、化纤及混纺的机织物或针织物为底布，经过漂白或染色等其他整理，并经过树脂加工而成的衬布。主要的品种有以下几种：

（1）纯棉树脂衬。缩水率小，尺寸稳定，薄型手感软。主要应用于针织料的衣料、上衣前身以及大衣的衬布，中厚型的主要用于大衣、衣领以及裤腰等。

（2）涤棉混纺树脂衬布。有很好的弹性，所以被广泛应用于各类服装，主要的部位有衣领、前身、口袋、袖口等。

（3）纯涤纶树脂衬。有很好的爽滑性和弹性，广泛应用于生产高档服装中。

4. 黏合衬

黏合衬也称为热熔衬，在背面有一层黏合剂，这种黏合剂需要经过一定的温度和压力，就可以牢牢地黏合在面料上，被黏合的面料不起泡、无皱纹、平整挺括。黏合衬具有不缩水、不变色、不脱胶、不渗料、黏合牢度高、耐洗涤、弹性好等特点。是现在服装衬布中使用最广也是最主要的衬料，随着技术的发展可以分为以下黏合衬布：

（1）机织黏合衬布。底布为纯棉、涤棉混纺、黏胶、涤黏交织的细布，经过树脂处理，是一种具有较好硬挺度和弹性的衬布。具有尺寸稳定、不缩水、抗褶皱的优点。

（2）针织黏合衬布。针织黏合衬是针织布为底布，所以针织布的弹性比较大，而且还有经编和纬编之分，经编衬采用锦纶或涤纶长丝做经纱，纯黏胶或涤黏混纺纱做纬纱，悬垂性好，有较好的保型性，多用于外衣前身衬。纬编衬是锦纶长丝编织而成，弹性好，多用于女衬衣等薄型面料。

5. 无纺黏合衬

无纺黏合衬是由涤纶、锦纶、丙纶和黏胶纤维经梳理成网再经机械或化学成型而制成。无纺布轻柔透气、弹性好、收缩率小，由于价钱便宜、品种多样所以使用范围广。非织造布中还有水溶纤维衬布和黏合剂制成的特种衬布，在一定温度热水中迅速溶解，主要用来做服装中的绣花衬布。

6. 腰衬

腰衬多采用锦纶、涤纶、棉为原料，按照不同的腰高织成带状的衬布条。主要用于裤腰和裙腰，可使腰头硬挺，有很好的保型作用。

7. 领带衬

领带衬是以羊毛、化纤、棉等为原料制成底布，再经过煮练、起绒、树脂整理等工艺加工而成，可给领带内层起到很好的保型作用，并增加领带的强力和弹性。

三、正确选择服装衬料

1. 衬布应该和服装面料相匹配

主要针对的是衬布的颜色、单位重量、厚度、悬垂性、缩水率等方面。浅颜色的面料，衬布选择不能太深；厚重型面料服装，衬布选择不能太薄；针织面料应该用带有弹性的衬布。在每个不同位置的衬布要做合理的区分，硬挺的衬多用于领子、裤腰等位置，对于服装造型要求挺括的衣服应该用硬挺且富有弹性的衬布。

2. 衬布与服装的耐洗性要相匹配

衬布在服装中的耐洗性要与面料相匹配。否则服装在水洗后由于衬布的关系会导致变形。

3. 衬料的成本价格与成衣生产

服装衬料的价格直接影响着成衣的成本价格，在不影响服装质量的前提下大多数会选择价钱便宜的衬料。

4. 衬料符合熨烫温度

衬布的熨烫对温度和压力有一定的要求，在没有粘烫设备而靠熨斗压烫时很难达到预期的效果，特别是在西装的制作当中。

四、服装的垫料

（一）垫料的作用

服装使用垫料是为了使服装穿着挺拔、合体，加固服装局部的造型，使服装更加丰满、曲线更柔美，保证服装在人体上的大方有形，起到修饰作用。

（二）垫料的种类

服装的垫料从使用材料上可以分为棉及棉布垫、泡沫塑料垫、羊毛与化纤下脚针刺垫。从使用的部位上可以分为肩垫、胸垫、领垫等。

1．肩垫

（1）针刺垫肩。用棉、腈纶或涤纶为原料，用针刺的方法制成垫肩。也有中间夹有黑炭衬，再用针刺的方法制成复合的肩垫。特点是保型性好，多用于西装、军服、大衣等。

（2）热定形垫肩。用涤纶喷胶棉、海绵、EVA粉末等材料，利用模具通过加热使之复合定形制成的垫肩。多用于风衣、夹克和女装等服装上。

（3）海绵及泡沫塑料垫肩。通过切削或用模具注塑而成。价钱便宜，但是洗涤性比较差，在包覆针织物后用于一般的女装、女衬衫和羊毛衫上。

2．胸垫

胸垫也称为胸绒、奶胸衬。主要用于西装和大衣等服装前胸夹里内，以保证服装的立体感和胸部的饱满。

3．领垫

也称为领底呢，可以使服装衣领平展、服帖、定型和保型性好。主要用于西装、大衣、军服等。

第四节　线类材料

线在服装中的作用是连接和缝制，是服装中必不可少的材料。从缝纫线的原料上可以分为天然丝或棉纤维、化学合成纤维线两大类。

一、缝纫线类

（一）天然纤维缝纫线

1．棉线

以棉纤维作为原料经过练漂、上浆、打蜡等工序制成的缝纫线。强度高、耐热性好，适合高速缝纫与耐久压烫，缺点是弹性和耐磨性比较差。主要用于棉织物、皮革以及高温熨烫衣服的缝纫。棉线我们可以分为无光线、丝光线、蜡光线。

2．丝线

也就是蚕丝线，用蚕丝制成的长丝线和绢丝线，有较好的光泽，其强度、弹性和耐磨性都优越于棉线。适合各类丝绸服装、高档呢绒服装、毛皮与皮革服装。

（二）化学合成纤维线

1．涤纶缝纫线

涤纶线目前是主要的缝纫用线，是用涤纶长丝或短纤维为原料制成。特点是强度高、弹性好、耐磨、缩水率低、化学稳定性比较好。主要用于牛仔、运动装、皮革、毛料以及军装服装的制作。

2．涤纶短纤维缝纫线

涤纶短纤维缝纫线具有较好的耐磨性，强度高、缩水率低、抗潮湿腐蚀，是主要的缝纫用线，一些特殊用线（如阻燃、防水等）也是涤纶线加工而成。

3. 涤纶长丝弹力缝纫线

涤纶长丝弹力缝纫线是由长丝改性的涤纶长丝，其弹性回复率在90%以上，伸长率在15%以上，多用于针织服装、运动装、健美裤、紧身衣等。

4. 锦纶缝纫线

锦纶缝纫线是由纯锦纶复丝制造而成，分为长丝线、短纤维线和弹力变形线三种。锦纶长丝线的特点是强度大、弹性好，抗断裂性高于同规格的棉线三倍。锦纶线的另外一个优势在于透明，所以适合缝制化纤、呢绒、皮革以及弹力服装等。

5. 维纶缝纫线

维纶缝纫线由维纶纤维制成，特点在于强度高、线迹平稳，主要用于缝制厚实的帆布、家具布、劳保用品等。

6. 腈纶缝纫线

腈纶线有较好的耐光性、染色鲜艳。主要用作装饰线和绣花线。

7. 涤棉缝纫线

涤棉缝纫线一般采用65%涤和35%棉混纺而成，具有涤和棉的优点。对强度、耐磨、缩水率有保证，适合各种服装的缝纫。

8. 包芯缝纫线

包芯缝纫线以长丝为芯线，外有天然纤维包裹的缝纫线。里面的芯线决定了其强度，而耐磨与耐热取决于外包纱。

二、工艺装饰线

1. 金银线

金银线是由三层组成，上下层是铝，中间层一般是涤或黏胶纤维，通过处理后再割成线而成的。由于金银线是特征丝线，受到化学成分性能的限制，镀铝膜不耐酸碱，在强力拉伸及重摩擦下都会导致金属层脱落，如图6-4-1所示。

金银线的型号一般分为：

（1）MX型号。MX型号由分切好的薄膜与锦纶或涤纶纱双向抱合而成，主要应用于商标、织带、提花布类、刺绣等。

（2）MH型号。MH型号是由分切好的薄膜与涤纶、锦纶、人造丝或其他品种纱线合股而成，是平织、针织布类、羊毛衫类的理想原料。

（3）RX型号。RX型号是由分切好的薄膜涤纶、人造丝、尼龙双抱合而成，适用于各种针织、编织、提花布等。

（4）ST、J型号。ST、J型号是由纯银薄膜或镀铝薄膜与涤纶、人造丝等纱线类包缠而成，呈圆柱形，强度好，广泛应用于电脑刺绣、牛仔布、高档服装等。经过再加工进行多股合捻可以用于牛仔线缝纫。

（5）M型号。M型号是由聚酯薄膜直接切分而成，颜色绚丽多彩，有银色、金色、三彩、幻彩、透明等，主要应用于花边、织带、商标、天鹅绒等。

2. 绣花线

绣花线是用优质的天然纤维或化学纤维经纺纱加工而成。绣花线的花色品种繁多，颜色鲜艳。按照原料可以分为：棉、毛、丝三种，如图6-4-2所示。

棉绣花线分为粗支和细支，粗支适合手绣，但是绣面粗糙。细支适合机绣也可以手绣，绣面精细美观。

毛绣花线是用羊毛或毛混纺纱线制成，一般绣于呢绒、麻织物和羊毛衫上，但是光泽较差、易褪色、不耐洗。

丝绣花线用于绸缎绣花，但是强力低，不耐洗、晒。

3. 编织线

主要是应用于帽子、围巾、手套、鞋面、各种工艺品等的编织毛线，如图6-4-3，图6-4-4所示。

三、丝线

丝线是由蚕丝搓纺而成。丝线的质地柔软、强度好、光滑、牢固耐久。多由三股而成，有粗细之分，粗线用于缝制呢绒服装、锁眼、钉扣等，细线用来缝制绸缎轻薄面料，如图6-4-5所示。

图6-4-1

图6-4-2

图6-4-3

图6-4-4

图6-4-5

图6-4-1 金银线

图6-4-2 绣花线

图6-4-3 编织毛线

图6-4-4 化纤编织线

图6-4-5 丝线

人造丝线光泽鲜艳，大多用于机绣。其中黏胶丝线价格便宜、色彩鲜艳，但是强度差、湿强度也相对较差。醋酯丝、铜氨丝性能较好，但是价钱高，较少见。

第五节　紧扣类材料

服装紧扣类材料有纽扣、拉链、钩环、尼龙搭扣及绳带等。紧扣材料在服装中应用广泛，和服装成衣是密不可分的。不同的辅料发挥着自己不同的作用和功能，辅料不只是功能性，还有其重要的装饰性，很多时候服装的亮点和特色就取决于辅料的应用。

一、纽扣

纽扣是服装上用于两边衣襟项领的紧扣物。纽扣最开始的作用是连接服装的门襟，现在已经发展到除了实用功能以外还有重要的装饰性、艺术性和个性化作用。在女装上，纽扣的装饰性尤为突出。

（一）按纽扣的大小分类

纽扣我们常说的大小型号是14#、16#、18#、20#、60#等。怎样来确定纽扣的型号大小，我们可以用卡尺量出它的直径（毫米）再除以0.635就可以算得纽扣的型号大小。

纽扣的大小还有另外一种表示方式：L。

纽扣尺寸大小换算关系如表6-5-1所示。

表6-5-1　纽扣尺寸对照表

1L=0.625mm	1mm=1/25英寸（表示方法单位）	
12L=7.5mm=5/16"	13L=8.0mm=5/16"	14L=9.0mm=11/32"
15L=9.5mm=3/8"	16L=10.0mm=13/32"	17L=10.5mm=7/16"
18L=11.5mm=15/32"	20L=12.5mm=1/2"	22L=14.0mm=9/16"
24L=15.0mm=5/8"	26L=16.0mm=21/32"	28L=18.0mm=23/32"
30L=19.0mm=3/4"	32L=20.0mm=13/16"	34L=21.0mm=27/32"
36L=23.0mm=7/8"	40L=25.0mm=1"	44L=28.0mm=1-3/32"

（二）纽扣的数量以及单位

纽扣的数量以及单位如表6-5-2所示。

表6-5-2　纽扣的数量以及单位

粒	PIECE PC=1PC	打	OZEND=12PCS
罗	GROSS G=144PCS	大罗	GREAL GROSS GG=1728PCS=12G

（三）纽扣的结构分类

（1）有眼纽扣。在纽扣的表面中间有两个或者四个等距离的眼孔，以便用线手缝或钉扣机缝在服装上，如图6-5-1所示。

（2）有脚纽扣。在扣子的背面有凸出的扣脚，脚上有孔或在纽扣后面有一个圆形的环，以便于把纽扣缝在服装上。一般带扣脚的纽扣用于厚型、起毛和蓬松面料服装，可以使衣服在扣好以后保持服装的平整性，如图6-5-2所示。

（3）按扣。按扣一般由金属或塑料制成，也有合成材料，是强度较高的紧扣件，容易开启和关闭。金属按钮具有耐热、耐洗、耐压等性能，广泛应用于厚重的牛仔服、工作服、运动服以及不宜锁扣眼的皮革服装。非金属的按钮很多也应用于童装和休闲装，如图6-5-3所示。

（4）编结纽扣。用服装本身面料缝制布带或其他材料的绳、带，经过缠绕编结而成的纽扣。这种类型的纽扣多用于中式服装和时装，如图6-5-4所示。

（四）纽扣的材料分类

纽扣的种类很多，分类的方法也不相同，一般按照其材料的类型进行分类，可以分为天然类、化工类、其他类型三个大类。

1. 天然类

（1）贝壳扣。利用各种不同的贝壳加工制成的纽扣。带有珍珠光泽并带有花纹。多为圆形的有眼扣。贝壳的特点是质地坚硬，容易损坏，光泽柔和自然。目前市场上贝壳的种类有：马氏贝、淡水贝、黑蝶贝、马蹄螺贝、鲍鱼贝、企鹅贝、香蕉贝等，如图6-5-5～图6-5-12所示。

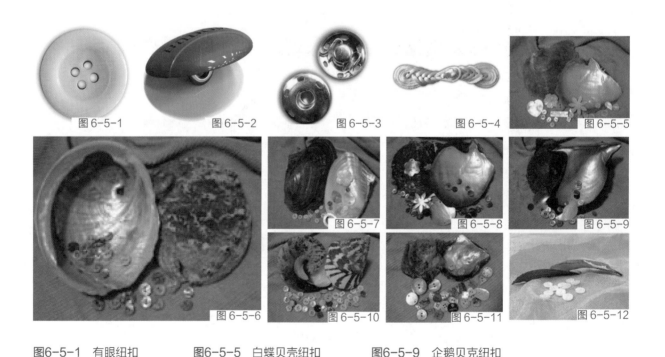

图6-5-1 有眼纽扣	图6-5-5 白蝶贝壳纽扣	图6-5-9 企鹅贝克纽扣
图6-5-2 有脚纽扣	图6-5-6 鲍鱼贝克纽扣	图6-5-10 塔螺贝克纽扣
图6-5-3 按扣	图6-5-7 淡水贝壳纽扣	图6-5-11 马氏贝克纽扣
图6-5-4 编结纽扣	图6-5-8 黑蝶贝壳纽扣	图6-5-12 香蕉贝克纽扣

（2）椰子扣。是采用椰壳经加工而成的不同颜色纽扣。形状有桃心形、圆形、方形等，不易损坏、耐磨、抗压，还具有光亮、不易褪色、高贵典雅的特点，如图6-5-13所示。

（3）木质纽扣。木质的纽扣分为本色和染色两种，形状有圆形、竹节形、橄榄形，给人以朴实自然大方的感觉。但是木质的纽扣吸水后膨胀，等水分干了后可能出现变形和裂损，如图6-5-14所示。

2. 化工类

塑料扣是用聚苯乙烯注塑而成，可以制成各种形状和颜色。包括胶木纽扣、电玉纽扣、聚苯乙烯纽扣、有机玻璃纽扣等。

（1）有机玻璃扣。它具有晶莹亮光的珠光和鲜艳的颜色，有很强的装饰性。但是表面不耐磨，容易划伤，而且还不耐高温和有机溶液。一般用于中低档服装，不宜用于高档耐用服装，如图6-5-15所示。

（2）胶木纽扣。是由酚醛树脂加木粉冲压而成，价格低廉。多以黑色为主，表面光泽发暗，耐热，耐磨表面的硬度好，但是质地比较脆，容易碎，如图6-5-16所示。

（3）电玉纽扣。它是由尿醛树脂加纤维素冲压而成。表面强度高，耐热，不易燃烧、变形、色泽好，看起来晶莹透亮，有玉石的感觉。价格相对便宜，使用范围广，如图6-5-17所示。

（4）树脂纽扣。称为不饱和聚酯树脂纽扣，是现代纽扣中最为流行的一种。从树脂的材料分我们还可以分为棒材扣、板材扣、曼哈顿。有良好的染色性，色泽鲜艳、耐高温，树脂扣以电脑程控激光用于纽扣制造，使激光纽扣图案、文字雕刻精细完美，广泛应用于中高档服装，如图6-5-18所示。

3. 其他类型

（1）金属扣。是由各种不同金属材料冲压而成。金属耐用、价格低、装订方便，被广泛应用。种类包括四合扣、撞钉、大白扣、揿钮等。比较适合面料厚重的服装，不宜适合轻薄面料的服装，如图6-5-19至图6-5-22所示。

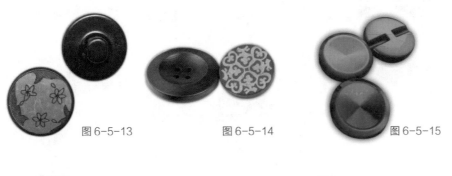

图6-5-13　　　　　　　图6-5-14　　　　　　　图6-5-15

图6-5-16　　　　　　　图6-5-17　　　　　　　图6-5-18

图6-5-13　椰子扣

图6-5-14　木质纽扣

图6-5-15　有机玻璃扣

图6-5-16　胶木纽扣

图6-5-17　电玉纽扣

图6-5-18　树脂纽扣

（2）布纽扣。有布包扣，是胶木纽扣用衣料的边角料包上后用手针缝制而成。这种纽扣可以和衣服配合协调，不耐磨，容易损坏。盘花扣也就是编结扣，是我国传统中式服装纽扣，极具民族特色。如图6-5-23～图6-5-25。

（3）皮革扣。采用皮革的边角料先裁制成条后再编结成型，多用于猎装、卡曲服以及各式皮革服装，如图6-5-26所示。

（4）玻璃扣。采用玻璃材质经过专业加工而成，可以注入颜色，有宝石和水晶般的透亮和晶莹。耐磨性、耐划伤性，耐有机、无机清洗剂的性能是普通塑料纽扣和贝壳纽扣所不及的，缺点是不耐冲洗，容易破碎，只能成小型纽扣。此外还具有很强的装饰效果，如图6-5-27所示。

（5）果仁扣。又叫果实扣，是以果壳加工而成。在制作过程中对着色有较高的要求，质地坚硬、质感好、耐熨烫，可以激光雕刻，价格高是我国目前高档男装的首选。但是有一定的吸湿性，梅雨季节容易发霉，时间长会有不同程度的变质，是服装辅料中质料最难保证的辅料，如图6-5-28所示。

（6）酪蛋白。主要成分是奶酪中提取的蛋白质经过技术处理而成。耐湿气侵蚀、外观色泽清纯。成本价钱相对较高，因此只用在极少数高档名牌西装中，主要在欧美及日本等国家流行。

二、拉链

（一）拉链的种类

1. 金属拉链

金属拉链是用铝或铜经过喷镀处理而成，再安装在纱带或布带上，用拉链头来控制拉开

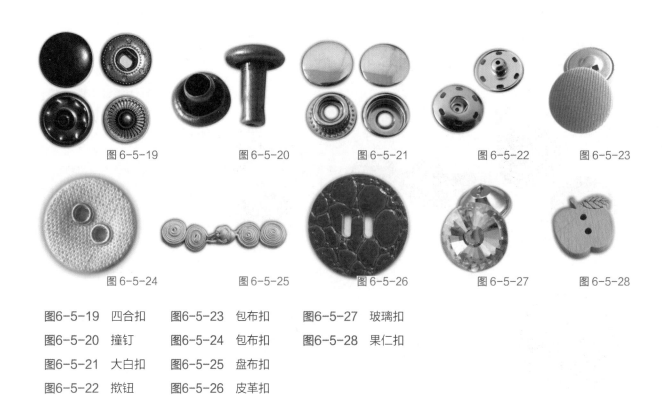

图6-5-19　　　　图6-5-20　　　　图6-5-21　　　　图6-5-22　　　　图6-5-23

图6-5-24　　　　图6-5-25　　　　图6-5-26　　　　图6-5-27　　　　图6-5-28

图6-5-19	四合扣	图6-5-23	包布扣	图6-5-27	玻璃扣
图6-5-20	撞钉	图6-5-24	包布扣	图6-5-28	果仁扣
图6-5-21	大白扣	图6-5-25	盘布扣		
图6-5-22	揿钮	图6-5-26	皮革扣		

和闭合。使服装穿脱方便，主要应用于高档夹克衫、牛仔装、皮衣、防寒服等。

2. 塑料拉链

塑料拉链也称为树脂拉链，是用熔融状态的树脂或尼龙注入模内，使之在布带上形成齿而成的拉链。树脂拉链手感柔和、颜色齐全、耐水洗且不容易脱落。

3. 尼龙拉链

尼龙拉链轻巧、耐磨且富有弹性，颜色齐全且鲜艳。主要用于轻薄的服装中。

（二）拉链的结构分类

1. 闭尾拉链

闭尾拉链也是常规拉链，有一端或两端闭合。一端闭合用于裤子、裙子等；两端闭合则用于口袋位置，如图6-5-29所示。

2. 开尾拉链

开尾拉链主要用于上衣前门襟全开的服装和可以装卸衣里的服装，如图6-5-30所示。

三、绳带类

绳带在服装中起着固定和装饰的作用。带有装饰性的绳带可以直接用来做配饰，丰富服装的细节。在服装中应用于领口、腰间、袖口等，如果在晚礼服中，变化的形式更为丰富，性感的胸部、背等可以表现为闪电状、蝴蝶状、平行线、曲线、网状等，具有极强的装饰效果和应用性。根据实际的面料和服装风格对绳带进行一定合理的搭配，在童装设计时要尽量少用绳带，以免对穿着安全和生活产生影响。

四、挂钩

挂钩多由金属或者树脂材料制成，和绳带一样主要是起紧扣和调节的作用。具有极强的装饰性和实用性，特别是在女装的裙腰、裤腰、女胸衣等，如图6-5-31，图6-5-32所示。

图 6-5-29

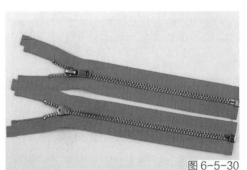
图 6-5-30

图 6-5-31

图 6-5-32

图6-5-29　闭尾拉链
图6-5-30　开尾拉链
图6-5-31　金属挂钩
图6-5-32　金属挂钩

第六节　装饰类材料

除了服装面料以外的所有用到的材料都是辅料，那么除了线、衬料、里料、紧扣材料这些必要的材料以外，装饰材料在服装中起到着画龙点睛的作用。

一、花边

有各种花纹图案作为装饰用的带状织物，用作各种服装、床上用品、窗帘等的嵌条或镶边。从分类上来说花边分为机织、针织、刺绣、编织等。在我国少数民族中也有使用最多的丝纱交织的花边，也被称为民族花边。

1. 棉线编织花边

棉线花边花型清晰整洁，花型变换方便，在大批量生产上没有限制。这类型花边多采用优质棉纱，色牢度高、做工精细、手感柔软、花型新颖、款式多样、广泛适用于文胸、内衣、睡衣、时装等，如图6-6-1所示。

2. 刺绣花边

刺绣花边可以分为机绣花边和手绣花边两种，机绣花边是在手绣花边的基础上发展起来的大生产花边品种。机绣花边采用自动绣花机绣制，在程序控制下在坯布上绣出条形花纹图案。可以根据不同的要求采用不同的绣花底布，从而制造出不同的花边种类，如水溶花边、网布花边、纯棉花边、涤棉花边以及各类薄纱条子花边。机绣的花边绣制精巧美观，均匀整齐，形象逼真，富有艺术感和立体感。刺绣花边经过长时间的发展，种类越来越多，有特种刺绣花边、涤棉连片花边、水溶刺绣花边、镂空刺绣花边、珠绣花边等类型，如图6-6-2～图6-6-4所示。

3. 手工钩针花边

手工钩针花边的品种繁多，常用来做服装上装饰的有小花、花边条、领子等附件；除了在服装上还用于室内的也有桌布、床上用品、垫布等，如图6-6-5所示。

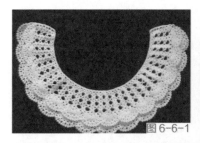
图6-6-1

图6-6-2

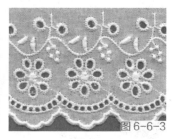
图6-6-3

图6-6-4

图6-6-5

图6-6-1　棉线编织花边

图6-6-2　水溶花边

图6-6-3　刺绣花边

图6-6-4　珠绣花边

图6-6-5　手工钩针花边

4. 钩编花边

钩编花边是采用钩编机生产的花边，这种花边主要是花边带、流苏带、松紧带等狭幅经编织物。流苏是一种下垂的以五彩羽毛或丝线等制成的穗子，常被用于舞台服装的裙边下摆等处，如图6-6-6所示。

5. 经编花边

经编花边是针织花边的一个重要的种类，采用33.3～77.8dtex（30-70旦）的涤纶丝、锦纶丝、黏胶人造丝为原料。花边特点是质地稀疏、轻薄、网状透明、色泽柔和，但是多洗易变形，如图6-6-7所示。

6. 其他类型花边

手摇花边：在盘带刺绣的基础上辅助手工编织而成。

超声波花边：利用超声波热熔原理进行切边、修编、裂孔、烫金印纹、分条、成型等热处理手法，切出镂空的各种花型的孔，并作熔边处理。

彩珠片花边：在各种花边或者带子上结合手绣工艺制成的花边或花边带。

纬编针织花边：纬编针织花边大多采用电脑横机制成，应用不广泛，如图6-6-8～图6-6-10所示。

二、亮片和珠子

亮片的种类有水银片、激光片、珠光片、七彩片、哑光片等，可以用来手工穿绣和机绣。在用到大的图案设计时采用专机绣制，在服装上的装饰应用比较多。珠子的种类相对比较多，有陶瓷珠、琉璃珠、琉璃样卡、潘多拉珠等。常用于晚装、时装，以及舞台服等。

除了亮片和珠子还有织带和烫钻，丝带的种类比较多。从产品种类上我们可以分为丝绒带、特多龙缎带、中国结带、雪纱带、金银葱带、格子带、金属织边带、印刷带、尼龙缎带等。

图6-6-6
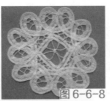
图6-6-7
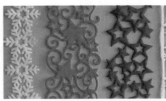
图6-6-8
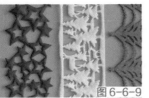
图6-6-9

图6-6-10

图6-6-6　钩编花边

图6-6-7　经编花边

图6-6-8　手摇花边

图6-6-9　超声波无纺布花边

图6-6-10　彩珠片花边

烫钻主要是通过高温加热固定在服装上，特别是在女装的毛衫、晚礼服、婚纱等服装中起着主要的装饰作用。烫钻的主要品种有国产烫钻、韩钻、中东钻、捷克钻、奥钻等，形状各异、颜色丰富，规格也分4#、6#、8#、10#、12#、16#、20#等。

三、松紧带和罗纹

1. 松紧带

松紧带是具有一定的弹性延伸性能，是以棉或化纤为经、纬纱与橡胶丝按照一定规律交织而成。机织松紧带质地紧密、品种多样，广泛用于服装袖口、下摆、裤腰、束腰、鞋口、文胸，以及体育护身和医疗绷带等。小型花纹、彩条和月牙边质地疏松柔软，原料多采用锦纶弹力丝。

编织松紧带也称为锭织松紧带，经过锭子围绕橡胶丝按"8"字形轨道编织而成。带身纹路呈人字形，带宽一般为0.3～2cm，质地介于机织和针织松紧带之间，花色品种比较单调。

2. 罗纹

罗纹由双针床圆形或平形织机生产，其组织以罗纹针距编成。是由一根纱线依次在正面和反面形成线圈纵行。罗纹针织具有平纹织物的脱散性、卷边性和延伸性，并具有较大的弹性。常用于T恤的领边、袖口、下摆。我们常用到的罗纹有1×1罗纹、2×1罗纹、2×2罗纹、氨纶罗纹、双面罗纹。

四、商标

商标是服装的品牌标志，用来区别其他企业或公司生产的产品。商标的设计被越来越多的人重视。从它的材质上来区分有胶纸、塑料、织物（棉布、绸缎）、皮革、金属等。制作的工艺上可以看到有印花、提花、植绒、织造等。

服装中不只是商标，还有消费者购买服装的基本准则——尺码带，一般用棉织带或者人造丝缎带制成，也会有印花、提花等不同的工艺，说明服装的号型、规格。还有标注服装的洗涤方式以及面料成分的洗水唛，如图6-6-11所示。

图6-6-11

图6-6-11　商标（Burberry 品牌）

图6-6-12　图6-6-12　吊牌（Burberry 品牌）

五、服装产品销售的吊牌

服装在成品出售的时候都会有吊牌，吊牌一般采用不同的纸质来说明服装中的面料成分、洗涤方法、熨烫温度、保养方式、价钱、品牌名称、生产厂家和地址、面料小样、备用纽扣等，如图6-6-12所示。

思考与练习

1 常用的填充材料有哪些？

2 服装里料的作用是什么？有哪几种类型？

3 常见的纽扣与拉链有哪几类？分别收集10种。

4 收集10款以上商标，并加以阐述。

Chapter

07

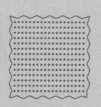

第七章
服装材料的洗涤、熨烫与保养

面料是服装的主体部分，对于一个从事服装设计的人员来说，掌握服装面料的洗涤、熨烫和保养的方法至关重要。

第一节　服装以及面料的洗涤

服装和面料在加工生产、市场销售和穿着过程中会沾上污垢，它们不仅会影响服装的美观，而且这些污垢和油渍还会阻塞面料的缝隙，妨碍穿着者正常的排汗和透气，导致穿着者感觉不舒服，同时，也为细菌提供了繁殖的场所，从而影响人们的健康。我们只有通过洗涤来解决这些问题。而服装与面料的洗涤根据用具的不同可分为手洗和机洗，根据洗涤介质的不同可分为水洗和干洗。

一、洗涤剂的选择

要去除服装与面料的污垢和油渍，单靠水洗并不能达到预期的效果，必须借助于洗涤剂。目前，我国洗涤剂的种类除了日常我们所用的肥皂和洗衣粉外，还有液体洗涤剂、膏状洗涤剂和固体洗涤剂等，它们都具有良好的渗透性、分散性、润湿性、发泡与消泡性。以下是常用洗涤剂的特点和洗涤对象，如表7-1-1所示。

表7-1-1　洗涤剂的特点与选用

洗涤剂		类型	特点	洗涤对象
肥皂	一般肥皂	碱性	去污性好，但碱性过大，对衣物和皮肤有刺激，且耐水性差	麻、棉及混纺织物
	皂片	中性或弱碱性	总脂肪含量高，皂质纯净，性能温和，溶解速度快，去污性强，而且使用方便	精细丝绸、毛织物和毛混纺织物
洗衣粉	合成洗衣粉	碱性	泡沫多，去污性强，但不易清洗，且碱性大，对丝、毛类织物不利	棉、麻、化纤织物
	中泡沫洗衣粉		泡沫适中，易清洗干净，去污性较好	各种纤维织物
	低泡沫洗衣粉	弱碱性或中性	泡沫较少，易清洗干净，去污效果较好	各种纤维织物，适合机洗
	增白洗衣粉		含有荧光增白剂，能增加织物洗后的光泽和洁白度	白色棉、麻织物
液体洗涤剂	麻棉洗涤液	弱碱性	易于溶解，去污力强	棉、麻和化纤织物
	丝毛洗涤液	中性	性能温和，对衣物无损害	毛、丝织物

二、洗前准备和洗后处理

1. 衣物浸泡时间

洗衣前衣服要放进冷水中浸泡一段时间。浸泡有以下几点好处：一是衣物通过浸泡能使表面的污垢脱离衣物，提高了衣物洗涤质量；二是利用水具有渗透性的特点，能使衣料的纤维得到膨胀，从而使污垢受到挤压而易于去除；三是水洗牢固性差的色织品容易脱色，利用浸泡可以预先发现问题并采取相应的预防措施；四是利用浸泡可以对污染较严重的部位进行预先洗涤，各种衣物适宜浸泡的时间如表7-1-2所示。

表7-1-2　各种衣物的浸泡时间

品种	浸泡时间（min）	品种	浸泡时间（min）
精纺毛衣料	15~20	棉、麻衣料	30
粗纺毛衣料	20~30	合成纤维衣料	15
毛织衣物	20	棉毯	40
羽绒服	5~10	易褪色或是娇嫩颜色衣物	随泡随洗
丝绸	5		

2. 控制好水温

洗涤温度是指服装在水洗时洗涤用水的温度。水温在洗涤过程中对洗涤效果影响很大，但总的来说温度高可以提高洗涤剂的溶解度和渗透力。但要注意的是，由于各种纤维的耐热程度不同，衣料在水中的耐热的色牢度也不同，温度过高会引起衣料褪色，衣料纤维经过高温后变形和手洗时使人的皮肤受伤，因此要根据衣物的织物品种、色泽、脏净程度、洗涤剂性质等情况来控制好水温，如表7-1-3所示。

表7-1-3　各种衣物的洗涤温度

种类	衣料名称、颜色	洗涤温度（℃）	漂洗温度（℃）
棉、麻	白色、浅色	50~60	45~50
	印花、深色	45~50	40
	易变色、色牢度差	40左右	微温
丝	净色、本色	40	微温
	绣花、易变色	微温或冷水	微温或冷水
毛	一般织物	40左右	30
	拉毛织物	微温	微温
	易变色	35	微温
化纤	涤纶混纺	40~50	30~40
	锦纶及混纺	30~40	35左右
	维纶及混纺	微温或冷水	微温或冷水
	丙纶或混纺	微温或冷水	微温或冷水
	黏纤维及混纺	微温或冷水	微温或冷水

衣料的种类很多，各自的组成成分、质地、厚薄程度、色泽、污染程度也各不相同，所以洗涤浸泡时间和水温也要区别对待。

3. 洗后处理

由于衣料本身的组织结构和成分不同，所以洗完后的服装有的手感粗糙，有的服装失去光泽，因此，洗涤后晾晒前要进行一定的处理。如棉麻织物水洗后手感粗糙；合成纤维服装摩擦系数大，穿脱时会产生静电，这类织物最好进行柔软处理。晾晒时要按照服装的标签要求进行，由于日光中的紫外线对衣料的颜色有一定的破坏作用，所以晾衣时，一般反面朝外，不要在阳光下暴晒，以免褪色。

三、服装与面料的水洗

1. 棉、麻衣料的洗涤

棉麻布衣料的特点是耐碱性强、抗高温，可选择各种洗涤剂洗涤。洗涤的温度由衣料的颜色而定，洗衣时把深、浅色的衣料分开洗涤，避免深色棉织物遇温水脱色而染到浅色衣物上。深色衣物不能在洗涤液内浸泡过久，以免衣服颜色受到破坏。纯棉的衣料可用各种洗涤工具，但应根据衣料的纹路特点操作。例如，提花衣料不宜用硬刷强力度刷洗，以免布面起毛和撕破；麻织衣料的洗涤方法和棉料大致相同，但麻织物特点是面料刚硬，洗涤时用力度要比纯棉织物轻，不要在洗衣板上用力搓洗，更不能使用硬刷刷洗。麻衣物在漂洗时不要用力拧，以免起毛。

2. 丝织物的洗涤

丝织物比棉、麻织物娇嫩，有些宜水洗，有些不宜水洗，而且不能浸泡，要随浸随洗。应注意以下几点：

（1）真丝衣料属于蛋白质纤维，遇水后伸缩性大，不能承受机械力的作用，所以在洗涤时不要在冷水内浸泡时间过长，一般丝织衣料在洗涤时宜手洗不宜机洗，但手洗时不要使用搓板搓洗，应大把揉搓，切忌拧绞。

（2）丝织衣料光泽度好。为了使衣料保持永久的光泽，洗涤时要选用中性、较高级的洗衣粉和洗涤剂，在微温或冷水内洗涤，速度应稍快。不宜在洗涤液内长时间浸泡。

3. 呢绒衣料的洗涤

呢绒衣料一般用来做大衣、外套，而且做工精细，外型挺括，通常是干洗。但也能水洗。

水洗要注意以下几点：

（1）洗涤前呢绒衣料在冷水里浸泡的时间不宜太长，一般控制在10~30分钟内。

（2）洗涤温度不宜过高，一般温度控制在30℃以下，以免毛料变形，弹力下降。

（3）根据羊毛耐碱性差的特点，洗涤时要选择中性洗衣粉或洗涤液。

（4）洗涤时揉搓的时间不宜过长，采用大把揉洗的方法，不要拧绞，晾晒时选择阴凉通风处，切忌暴晒，衣物晾至半干再熨烫，除去褶皱，进行整形处理。

4. 化纤衣料的洗涤

不同的化纤衣料，根据其质地、性能不同而采用不同的洗涤方法。化学纤维中的合成纤维是比较常见的衣料种类，它的特点是耐碱性较好，吸湿性差，所以静电大，易吸尘，但也易清洗，可用一般的洗衣粉或洗涤剂洗涤。洗涤温度常温，可机洗也可手洗，以双手大把轻轻揉搓为宜，不宜用力拧绞。

5. 羽绒服衣料的水洗

羽绒服的面料多为尼龙绸，组织结构紧密，封闭性好，污垢大多在表面。洗涤时先用冷水浸泡，在挤出水分后置于水温40℃以下的洗涤液水中浸透，将其平摊在台板上，用软毛刷刷洗，用清水漂洗干净。不能暴晒，干透后用藤条拍打，使其蓬松。

6. 混纺衣料的洗涤

化学与动物纤维混纺，按动物纤维衣料的洗涤方法操作，化纤与植物纤维混纺的采用化纤衣料的洗涤方法。

四、服装与面料的干洗

干洗是指用有机溶剂洗涤的方法。一般由高档纺织原料做的衣服或厚重无法水洗的衣物如大衣、外套、棉衣等，都可以用干洗的方法去除污垢。

干洗的主要特点是：去油污力强；由于不使用水，经干洗后的各种服装不变形、不走样、不损伤面料；对面料的色泽影响较小。

1. 干洗剂的选择

干洗用的洗涤剂是以有机溶剂为主要成分的液体洗涤剂，它的基本要求是：不损伤纤维、挥发性好、使用安全、无异味、不腐蚀机器设备等。为了保证干洗的质量，通常在干洗剂中加一些辅助用剂，如表面活性剂、漂白剂、柔软剂、抗静电剂等。

一般常用的干洗剂是高标号的汽油，目前大型干洗机上常用的是以四氯乙烯为主体的干洗剂，并采用全封闭式洗涤，使人与有机溶剂分开，从而减少有机溶剂对人身体的伤害。

2. 干洗工艺

干洗可分为手工干洗和机器干洗。

对于手工干洗来说，它适合于污染较小的衣物洗涤，由于四氯乙烯干洗剂很容易对人体造成伤害，所以通常选择高标号汽油为干洗剂，但汽油是易燃物体，操作时要注意安全，应避免明火，防止火灾发生。

大型干洗机干洗，洗涤效果的好坏取决于干洗机，而操作技术水平的高低，也直接影响洗涤效果。机洗前要进行衣物的检查与分类，除考虑面料原料、颜色深浅、脏净程度之外，还应特别注意衣物上面有无与干洗剂发生化学变化的饰件，再进行机洗。洗完后把衣物挂上衣架放在通风处使残留在衣料上的干洗剂充分挥发。最后检查所洗衣物的洁净程度。

干洗的主要优点是对油溶性污垢有满意的去污效果，衣物洗后不变形、不走样、不损伤衣料、对面料的颜色影响小；但不足之处在于设备昂贵，导致洗涤成本高，高水溶性污垢的去除效果不及水洗的好，轻薄、浅色服装的干洗效果不好，厚重呢绒服装干洗不如水洗彻底。

第二节　服装与面料的熨烫

服装和衣料洗过后，外型发生变化，不如原来那样平整、挺括，这就需要用熨斗整烫，使之恢复原来的面貌。

熨烫是指在一定温度、压力和水气的条件下将服装与面料进行"热定型"，使服装面料平整、外型挺括。服装与面料是由各种纤维组成的，性能各异，要想熨烫效果好，先要了解其组成成分，以便正确选择熨斗温度和施水量，然后，再采取正确温度、湿度、熨烫时间和具体的操作方法。

一、纯棉服装与面料的熨烫

纯棉织物的特点是不易伸缩走形，在熨烫前可用熨斗的喷雾挡直接喷水熨烫，面料的含水量在15%～20%之间，熨斗温度在175～195℃。深色衣物一般都在衣料的反面熨烫，或是在正面垫上烫布以免烫出极光，白色和浅色的衣料也可以直接在正面熨烫，直接熨烫时电熨斗温度要稍低些，应在165～185℃。熨斗板表面要清洁，以免弄脏衣料，影响美观。

二、麻纤维衣料的熨烫

麻纤维衣料可分为苎麻布、亚麻布。麻纤维衣料在熨烫前必须喷上水或洒上水，含水量在20%～25%之间。可以直接熨烫衣料的反面，熨斗的温度为175～195℃，白色和浅色织物可以直接在正面熨烫，但温度要低一些，温度控制在165～180℃，而深色衣物要在反面熨烫，熨烫时尽量避免重压，以免使衣料发生脆化。

三、丝织衣料的熨烫

1. 纺、纱、罗、绉类衣料的熨烫

这类衣料在熨烫前必须洒上水，半干时或是喷水半小时后在反面熨烫，含水量在25%～35%之间，熨斗可以直接在衣料反面熨烫，熨斗的温度应控制在165～185℃。如需熨烫正面必须垫上湿布，以免引起泛黄或变色，损坏色泽度。

2. 缎类衣料的熨烫

缎类衣料在熨烫前必须洒上水或喷上水，含水量在25%～35%之间。熨斗可直接在反面熨烫，熨斗的温度应控制在165～185℃。缎面丝绸易抽丝，起毛，熨烫时要特别注意，在正面垫上湿布，以免对衣料有所损坏。质地较厚的缎类织物可先烫反面，然后再从正面熨烫。湿布的含水量为65%～75%之间，熨斗在湿布上的温度为210～230℃。

四、化纤衣料的熨烫

1. 人造棉纤维的熨烫

这类衣料在熨烫前可以喷上水，含水量在10%～15%，熨斗可以在反面熨烫，温度在165～185℃。熨烫时，用力不能过重，免得正面出现极光，影响美观。质地较厚的或者是深色的衣料，熨烫正面时要垫湿布或干布，才能平整无极光。

2. 人造丝织品的熨烫

这类衣料在熨烫前必须先喷上水或洒上水。含水量在15%～25%。熨斗可直接熨烫衣料的反面，温度控制在165～185℃。

3. 涤纶衣料的熨烫

（1）涤、棉混纺衣料的熨烫。熨之前要先喷水，含水量在15%～20%，熨斗温度在150～170℃，熨烫衣料正面厚处时，要垫上干布或湿布，以防止变色，湿布含水量在

60%～70%，熨斗温度在190～210℃。

（2）涤、黏混纺衣料的熨烫。熨烫此类衣料时，正面必须垫上湿布，湿布含水量在75%～85%，熨斗在湿布上的温度为150～170℃，直接从反面将衣料烫干烫挺。

（3）涤、毛混纺衣料的熨烫。熨烫此类衣料时，正面必须垫上湿布，湿布含水量在75%～85%，熨斗在湿布上的温度为200～220℃，然后降低至150～170℃，直接从反面将衣料烫干烫挺。最后还要将熨斗温度升到180～200℃，垫干布熨烫，修整衣料正面较厚的地方。

4. 锦纶衣料的熨烫

锦纶衣料有厚薄之分，薄型衣料在熨烫前要先喷水，含水量在15%～20%，熨斗温度在125～145℃。浅色衣料可以直接在正面熨烫；深色衣料，在正面熨烫时必须垫上干布，以免出现极光。厚型衣料在熨烫时，正面必须垫上湿布，湿布含水量在80%～90%，熨斗的温度为190～220℃，将湿布烫到含水量在10%～20%，不宜烫得太干，防止出现极光。

5. 腈纶衣料的熨烫

熨烫腈纶衣料时，在正面熨烫时要垫上湿布，湿布含水量在65%～75%，熨斗温度在180～210℃，然后将熨斗温度控制在115～135℃，直接从反面将衣料烫平。熨斗温度不能太高，速度不能太慢。防止有的染料遇到高温颜色变浅而影响美观。

6. 维纶衣料的熨烫

维纶衣料多是混纺或是交织的产品，特点是湿热收缩性大，熨烫时采用干烫或是喷上细水，含水量控制在5%～10%，熨斗可以在反面直接熨烫，熨斗温度在125～145℃。

7. 丙纶衣料的熨烫

丙纶衣料的收缩性大，在熨烫时采用低温熨烫，熨烫前喷水，含水量为10%～15%，然后在反面熨烫，熨斗温度控制在85～145℃。

由于服装与面料的种类繁多，为了保证熨烫质量，在熨烫前一定要看清楚服装的洗水标签，对于两种和两种以上纤维混纺或交织的织物，熨烫温度调到适合温度范围的较低的纤维标准来进行。各种织物的熨烫温度标准，如表7-2-1所示。

表7-2-1　各种织物的熨烫温度

织物纤维名称	垫干布熨烫温度（℃）	垫湿布熨烫温度（℃）	直接熨烫温度（℃）
维纶	125～145	160～170	不可
丙纶	85～105	140～150	130
氯纶	45～65	80～90	不可
锦纶	125～145	190～220	160～170
涤纶	150～170	200～220	180～190
黏胶	160～180	200～220	190～200
羊毛	160～180	200～250	185～200
棉	175～195	220～240	195～220
麻	185～205	220～250	200～220
柞丝	155～165	190～220	180～190
桑蚕丝	165～185	200～230	190～200

第三节　服装与面料的保养

人们日常所用服装经历了从面料生产、产品加工、市场销售，才到消费者手中，而消费者又根据季节和温度的变化而不断更换服装。这个过程经历的时间很长，某个环节对衣服与面料保管不当，就会导致发霉、变色、变形、虫蛀，不仅影响着装外观，还影响人的身体健康，因此应掌握正确的保管服装方法。

一、服装与面料在保管过程中所发生的质量变化

1. 霉变的防治

服装出现发霉的现象，是因为没有保持干燥。为了避免霉菌的发生，在储存衣物时，要使储物柜保持通风、防潮、防热，注意清洁卫生；服装面料要保持干燥，服装和面料的含水量过高或受外界潮气的影响极易引起霉变。

2. 脆变

脆变是指服装的强度下降。织物发生脆变主要有以下几个因素：

（1）织物霉变而引起织物脆变。

（2）服装面料在生产过程中由于染料和一些面料水洗工艺能使面料变软的水洗剂与阳光和水分的作用下发生水解及氧化反应，最后导致材料发生脆变。

（3）保管时长期受到空气、日光、湿热的影响而引起脆变。

在服装的保管过程中，首先要注意隔潮，防止潮湿致霉导致服装发生脆变；其次要避免强烈的阳光对面料照射。

服装和面料在销售过程中也应防止面料脆变。货架要保持干燥，经常消毒；橱窗陈列的样品，要经常调换，强光能照射的橱窗要采取遮阳措施，避免阳光直射。营业员在整理样品时，要保持双手清洁，如有浅色服装品种应更加注意，不能使双手的污垢沾染服装。

3. 虫蛀

天然纤维面料因含有纤维素纤维、蛋白纤维，会受到蛾虫、白蚂蚁等害虫侵害，各类面料一旦被虫蛀，就无法挽回。

工厂车间防蛀，除了经常保持车间、库房的清洁、干燥、通风，还需喷洒环保容许的杀虫药剂、樟脑粉。家庭衣料防蛀可放置防蛀药剂，如樟脑丸等。放置时不能与衣物直接接触，防止对服装表面损伤。

二、各类服装与面料的正确保管

保管时基本原则是：保持清洁、干燥，避免暴晒，防止虫蛀，保持衣形。

1. 天然纤维服装与面料的保管

天然纤维的吸湿性大，容易发生霉变和受虫蛀，存放环境应通风和干燥，衣柜中应放置干燥剂和防虫剂，用纸包好，不与衣料直接接触。服装在存放前要清洗，晾干，烫平，放置时平放，不宜悬挂，以免服装拉长变形。在开放环境中存放，避免服装受光直射和暴晒，以

免发生脆变。白色服装和深色服装分开放置，以免沾色和泛黄。

2. 化学纤维服装与面料的保管

化学纤维与天然纤维相比稳定性好，吸湿性差，一般不被虫蛀，不易发霉，但也不是绝对的，在存放时也要注意干燥和通风；在存放前要清洗干净，烫平，避免服装长时间存放导致褶皱老化。在存放时不可长时间悬挂，以免服装拉长。避免服装暴晒而使面料变硬、强度下降、变色及褪色等现象发生。

3. 裘皮及皮革服装的保养

裘皮和皮革面料所做的服装是冬季防寒服，当季穿过后要及时清洗、晾晒，晾晒时选择光度不强处，放置前要对服装进行降温。裘皮服装在穿着时要避免摩擦、沾污和雨淋后受潮，以防脱毛、皮质变硬、发霉，收藏时要使毛朝外晒干，挂在放了防蛀药物的防尘袋中。带活里的裘皮服装要将面、里分开，分别存放。

亮面皮革服装要经常用湿布擦皮革的表面防止污垢积聚，收藏时或是在着装中应使用皮革柔软剂。绒面皮革服装要用软毛刷除灰尘。

4. 人造纤维的服装与面料

人造纤维不能暴晒，以免强度下降而使服装的颜色变淡，失去光泽，降低原有的光泽度。人造纤维的特点是吸湿性大，悬垂性好，在放置时要特别注意防霉，且不可长时间悬挂，以免衣服拉长变形。

思考与练习

1 服装在洗涤时，为什么要选择适当的洗涤剂和洗涤方法？

2 服装与面料在水洗前为什么要浸泡？

3 干洗工艺所用的干洗剂是由哪几个方面组成的？

4 化学纤维面料在熨烫时应注意哪些事项？

5 服装与面料在保管过程中如何控制脆变发生？

6 棉、麻和丝绸服装的保管要点是什么？

第八章

服装材料设计

服装材料从远古的兽皮、兽骨、树叶到天然的棉、麻、丝织物以及当今的各种化学纤维织品，经历了漫长的发展过程。服装的发展与服装材料的发展是同步的，服装的功用也由最初的御寒保暖发展到今天的装饰及展示个性为主。因此，对服装材料的要求也越来越追求个性化。由此看来，设计师在进行服装设计时不再局限于款式风格的变化，更多的是将精力放在服装材料的设计和创新上，以寻求新的突破，并不断了解和掌握服装材料的性能以及基本的设计方法，将各种设计理念与服装材料完美地结合，创作出艺术感更强的服装样式来。

第一节　服装材料的概念及类别

一、服装材料的概念

服装材料是服装的载体，所有用于服装的原料，哪怕是一块小石头、木条、羽毛、金属、贝壳、塑料、玻璃等，只要用在服装制作当中，都可称为服装材料。服装材料分为面料和辅料，面料是构成服装的基本用料和主要用料。对服装造型、色彩、功能起主要作用，一般指服装外层的材料。我们把构成服装面料以外的材料均称为辅料，如衬料、里料、垫料、扣紧材料、絮添材料、缝纫线、商标、洗涤标志、绳带等，它们在服装中起到衬托、保暖、造型、缝合、扣紧、装饰、标注等辅助作用。服装是面料与辅料的结合体。

面料是组成服装的先决条件和基本要素，也是设计师的内心情感和创意构想的载体，有了面料才能言及造型和色彩。服装的成功设计需要面辅料来支撑，而设计师在创意服装设计中往往存在"难为无米之炊"的困惑，一些好的设计和创意有时会因面料的"不尽如人意"而达不到预想的效果。服装设计的选材范围非常广泛，尤其是在创意服装设计作品中，一些塑料品、钢丝、竹片、PVC薄膜、玻璃品、金属品、合成橡胶品等非服用材料也能被设计师有效地活用于服装设计作品中，如设计大师三宅一生曾用纸、硅胶等作为服装的材料，山本耀司用木板做过服装，如图8-1-1所示。

但是，服装主题材料仍然以纺织材料居多，毕竟纺织材料更自然和适体。因此，对于一块普通的服用材料，则需要设计师具有丰富而浪漫的想象力和熟练的动手能力，以及对服装整体设计的把握能力，这三种能力是服装设计师不可或缺的要素。

二、服装材料的类别

服装材料按材质及构成分为以下类别。

1. 纺织制品

织物类包括机织物、针织物、非织造织物。

绳带类包括紧绳带、装饰绳带。

线类包括缝纫线，钩、编、织线。

纤维类包括各种天然纤维及化学纤维。

2. 皮革类

天然皮革包括裘皮、革。

人造皮革包括仿裘皮、人造革皮、合成革皮。

3. 其他制品

包括木材、石材、贝壳、塑料、金属、骨、竹、纸、玻璃、羽毛等，如图8-1-1至图8-1-10所示。

图 8-1-1

图 8-1-2

图 8-1-3

图 8-1-4

图 8-1-5

图8-1-1　木质服装（作者 山本耀司）

图8-1-2　金属质感服装

图8-1-3　有机玻璃泡泡服装（作者 Hussein Chalayan）

图8-1-4　羽毛材质服装（作者 Alexander Mcqueen）

图8-1-5　新型塑料材质服装（Prada品牌）

图8-1-6　　　　　　　　　　　图8-1-7　　　　　　　　　　　图8-1-8

图8-1-6　新型塑料材质服装1（Prada品牌）

图8-1-7　新型塑料材质服装2（Prada品牌）

图8-1-8　新型塑料材质服装3（Prada品牌）

图8-1-9　新型羽毛材质服装（Jean Paul Gaultier 品牌）

图8-1-10　新型纸质服装（作者 三宅一生）

图8-1-9　　　　　　　　　　　图8-1-10

第二节　服装材料的二次设计

　　服装材料的二次设计即材料再造。是指设计师按照个人的审美和设计需求，对服装面料、辅料进行再加工和再创造，以产生新的视觉效果，是人的智慧与实践碰撞的结果。再造意为重塑，是对现有的材料进行融合、多元复合或单元并置，从而达到材料创新的目的。首先，设计师应充分把握材料的特性，对各种材料制成服装形成后的效果要有一个初步的设想。其次，对材料重新塑造的可行性进行审视和探索，以免弄巧成拙。同时，对材料进行二次设计还应保证具备应有的设备和技术，服装设计师常应用的设计方法是对材料进行各种肌理处理。

　　所谓肌理是指材料质地表面的纹理效果，往往以视觉肌理和触觉肌理两种形式出现。视觉肌理有立体的和平面的，有光泽的和无光泽的，光滑的和褶皱的之分。触觉肌理不仅有视觉上的效果，且触摸起来有粗糙、滑爽、凉、暖、软、硬、轻、重等感觉。因此，设计师可以灵活地将各种不同的肌理效果用于面料的设计中，使其具有浓郁的装饰性，以增加设计作品的内涵。

材料的二次设计是服装设计中一种重要的语言，常用的技术和传统工艺有：扎染、蜡染、打磨、腐蚀、打孔、钉珠、刺绣、流苏、镂空、嵌饰、拼接、揉搓、手绘、喷绘、绗缝、抽纱、撕裂、编织、烧洞、镂刻（皮革、金属）、折叠（褶皱）、做旧、丝网印等，概括起来通常有以下四种方法。

（一）加法

加法即在原有材料上通过添加、叠加、组合等形式，使材料具有丰富的层次感和肌理感。在材料上做加法式创新是创意设计中运用得比较广泛的一种形式，常用的形式有拼贴、刺绣、珠绣、编饰、绗缝、手绘、喷绘、扎染、蜡染等。

1. 刺绣

包括珠绣、镜饰绣（在纳西族民族服饰上运用较广泛）、饰绳（带）绣、贴片绣等工艺。以珠绣为例，它是将各种材质的珠子、亮片钉在服装上的一种装饰技法，产生了服装质感的对比，如图8-2-1至图8-2-12所示。

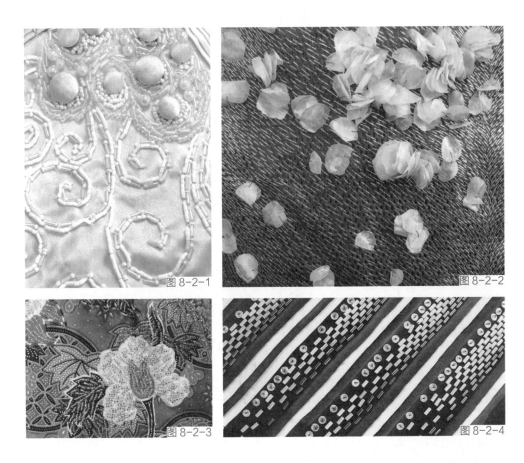

图8-2-1　刺绣工艺在面料上的运用1

图8-2-2　刺绣工艺在面料上的运用2

图8-2-3　刺绣工艺在面料上的运用3

图8-2-4　刺绣工艺在面料上的运用4

图8-2-5　刺绣工艺在面料上的运用5

图8-2-6　刺绣工艺在面料上的运用6

图8-2-7　刺绣工艺在服装设计中的运用1（Dolce&Gabbana品牌）

图8-2-8　刺绣工艺在服装设计中的运用2（Dolce&Gabbana品牌）

图8-2-9　刺绣工艺在服装设计中的运用1（Elie Saab品牌）

图8-2-10　刺绣工艺在服装设计中的运用2（Elie Saab品牌）

图8-2-11　刺绣工艺在服装设计中的运用3（Elie Saab品牌）

图8-2-12　刺绣工艺在服装设计中的运用（Jean Paul Gaultier 品牌）

2. 手绘

即用纺织颜料、丙烯颜料、油漆等涂层材料在面料的表面绘制各种适合设计风格的图形。若在真丝面料上手绘中国传统写意花鸟画，服装便具有含蓄与灵秀之美；若在土布上绘制图腾纹样，服装便具有粗犷、淳朴、自然的民俗之美。因此，不同材质上做手绘装饰表现出风格迥异的艺术效果，但不宜进行大面积涂色，以避免僵硬之感，如图8-2-13所示。

3. 编饰

有绳编、带编、结编等表现形式。编饰的材料极为广泛，既可选择梭织和针织面料，也可选用皮革、塑料、纸张、绳带等。由于对材料的加工方法的不同，采用的编结的形式不同，因而在服装表面所形成的纹理存在着疏密、宽窄、凹凸、连续、规则与不规则等各种变化，使面料的表现语汇更加丰富，如图8-2-14至图8-2-23所示。

图 8-2-13

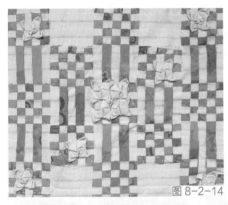

图 8-2-14

图 8-2-15

图 8-2-16

图 8-2-17

图8-2-13　手绘工艺在服装设计中的运用（作者 拉克鲁瓦）

图8-2-14　编饰工艺在面料上的运用1

图8-2-15　编饰工艺在面料上的运用2

图8-2-16　编饰工艺在服装设计中的运用1（Dolce&Gabbana 品牌）

图8-2-17　编饰工艺在服装设计中的运用2（Dolce&Gabbana 品牌）

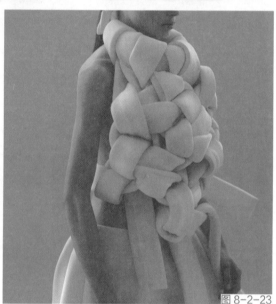

图8-2-18　编饰工艺在服装设计中的运用1（Jean Paul Gaultier 品牌）

图8-2-19　编饰工艺在服装设计中的运用2（Jean Paul Gaultier 品牌）

图8-2-20　编饰工艺在服装设计中的运用3（Jean Paul Gaultier 品牌）

图8-2-21　编饰工艺在服装设计中的运用4（Jean Paul Gaultier 品牌）

图8-2-22　编饰工艺在服装设计中的运用（Missoni 品牌）

图8-2-23　编饰工艺在服装设计中的运用（作者 Andrea Jiapei Li）

4. 绗缝

具有保暖和装饰的双重功能，即在两片面料中填充人造棉后缉明线，其纹理可以形成各种几何图形或花形纹样，能产生风格各异、韵味不同的浮雕效果，具有很强的视觉冲击力，如图8-2-24，图8-2-25所示。

5. 扎染、蜡染

是我国一种历史悠久的传统工艺技术，早在秦汉时期就已流行了。蜡染古代称之为蜡缬，是结合蜂蜡制作而成的，其形成的特殊的冰裂纹被誉为"蜡染的灵魂"。扎染是用线将布进行规则或不规则的包扎，然后进行染、煮等工序，在图案边沿很自然地形成由深到浅的过渡色晕效果。这两种手工艺术所表现出的效果具有很大的随意性和偶然性，因此，也是任何机器印染工艺所难达到的，如图8-2-26，图8-2-27所示。

图8-2-24　绗缝工艺在服装设计中的运用（作者 瓦伦蒂诺）

图8-2-25　绗缝工艺在服装设计中的运用（Stephane Rolland 品牌）

图8-2-26　扎染工艺在面料设计上的运用

图8-2-27　蜡染工艺在面料上的运用

（二）减法

即对服装材料进行镂刻（皮革、金属）、抽纱、剪除、撕裂、洗水、打磨、猫须等工艺手段或做烧花（烧洞）、腐蚀等破坏性处理，改变了面料原有的面貌或组织结构，从而达到一种新的视觉感受。

1. 烧花

是利用烙铁、蜡烛、烟头等在材料（如棉、麻、羊毛等天然材料）上烧出任意形状或大小不等的孔洞，孔洞周围就会形成棕色的燃烧痕迹，俗称"烧花"工艺，如图8-2-28，图8-2-29所示。

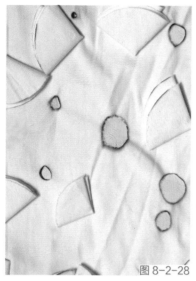

图8-2-28

图8-2-29

2. 抽纱

即对材料的经纱或纬纱进行规则或不规则的抽取，形成虚虚实实的肌理效果，如图8-2-30至图8-2-32所示。

3. 镂刻

即在皮革、金属等材质上做各种雕花、镂空等效果，类似于中国民间传统工艺剪纸。如第四届兄弟杯服装设计比赛金奖获得者武学伟、武学凯的设计作品《剪纸儿》即在面料上做了剪纸镂空处理，在设计中释放出面料的独特语言，视觉冲击力非常强，如图8-2-33至图8-2-36所示。

图8-2-30

图 8-2-31

图 8-2-32

图8-2-28　烧花工艺在面料上的运用

图8-2-29　烧花工艺在服装设计中的运用（作者 雪莱·福克斯）

图8-2-30　抽纱工艺在面料上的运用

图8-2-31　抽纱工艺在服装设计中的运用（作者 山本耀司）

图8-2-32　抽纱工艺在服装设计中的运用（作者 山本耀司）

图8-2-33

图8-2-33 镂刻工艺在面料上的运用　第八章

图8-2-34 镂刻工艺在服装设计中的运用　服装材料
　　　　（作者 Jean Paul Gaultier）　设计

图8-2-35 镂刻工艺在服装设计中的运用
　　　　（Elie Saab 品牌）　131

图8-2-36 镂刻工艺在服装设计中的运用
　　　　（作者 Jean Paul Gaultier）

图8-2-34

图8-2-35

图8-2-36

（三）重构法

即在原有面料上，以同一元素为单位或不同元素多元构成为特征，经不同规律和重新构成组合、克隆等方法产生各种褶饰效果，使服装面料具有很强的肌理感和浮凸效果。

褶饰是重构法的核心设计方法，是将平面面料通过多种缩缝工艺，形成各种宽与窄、规则与不规则的立体造型，使服装外型更富有韵律感、节奏感和生动感。同时，也改变了原先面料的平板和枯燥的外表，而变得格外生动和富有个性，丰富了服装内容。常见的褶饰形式有抽褶、叠褶、堆褶、波浪褶、悬垂褶等。另外，在褶皱处还可以根据设计需求添加一些珠片、珍珠等材料，既强化了面料质感又丰富了视觉效果。这些肌理面料除适用于服装的局部设计，如领子、袖口、下摆、裙摆等，还被广泛应用于礼服、创意服装等设计中，如图8-2-37至图8-2-46所示。

图8-2-47是被称为褶皱大师的三宅一生充分利用了面料的褶皱效果，把安格尔的名画"泉"运用到服装上，通过艺术拓印、压褶、水洗、打磨等工艺，将女神的人体与模特人体

图 8-2-37

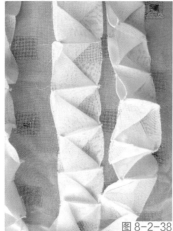

图 8-2-38

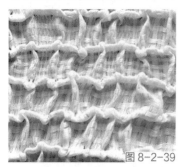

图 8-2-39

图 8-2-40

结构重叠，成功地把面料的视觉与触觉肌理有机结合起来，具有很强的立体构成效果，使服装充满了现代感和未来感。

三宅一生的服装被誉为"软雕塑"，如图8-2-48至图8-2-50所示。

图 8-2-41

图 8-2-42

图 8-2-43

图8-2-37 褶饰工艺在面料上的运用1

图8-2-38 褶饰工艺在面料上的运用2

图8-2-39 褶饰工艺在面料上的运用3

图8-2-40 褶饰工艺在面料上的运用4

图8-2-41 褶饰工艺在面料上的运用5

图8-2-42 褶饰工艺在服装设计中的运用1（Dior 品牌）

图8-2-43 褶饰工艺在服装设计中的运用2（Dior 品牌）

图8-2-44　褶饰工艺在服装设计中的运用3（Dior 品牌）

图8-2-45　褶饰工艺在服装设计中的运用4（Dior 品牌）

图8-2-46　褶饰工艺在服装设计中的运用（Nissan 品牌）

图8-2-47　褶饰工艺在服装设计中的运用1（作者 三宅一生）

图8-2-48　褶饰工艺在服装设计中的运用2（作者 三宅一生）

图8-2-49　褶饰工艺在服装设计中的运用3（作者 三宅一生）

图8-2-50　褶饰工艺在服装设计中的运用4（作者 三宅一生）

（四）综合法

即将刺绣、镂空、镶嵌、拼接、打磨、腐蚀、钉珠、流苏、揉搓、手绘、抽纱、撕裂、编织、烧洞、折叠、做旧等多种工艺手段综合运用于一块面料的设计中（可以是两三种，也可以是四五种不同工艺相结合），形成变化多端的肌理效果，更加丰富了服装的设计语言。但要注意的是，所运用的工艺手段不是越多就越好，要与面料的材质以及服装的整体设计风格相协调，否则会弄巧成拙，如图8-2-51至图8-2-61所示。

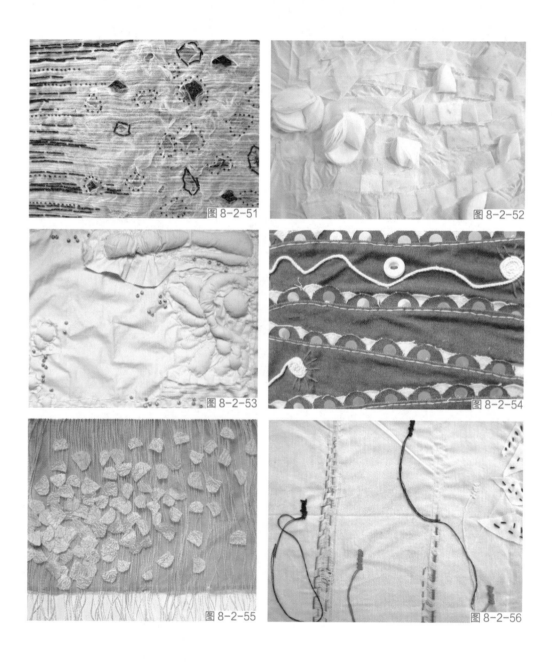

图8-2-51 综合手法在面料上的运用1	图8-2-54 综合手法在面料上的运用4
图8-2-52 综合手法在面料上的运用2	图8-2-55 综合手法在面料上的运用5
图8-2-53 综合手法在面料上的运用3	图8-2-56 综合手法在面料上的运用6

图 8-2-57

图 8-2-58

图 8-2-59

图 8-2-60

图 8-2-61

图8-2-57　综合手法在面料上的运用7

图8-2-58　综合手法在面料上的运用8

图8-2-59　综合手法在服装设计中的运用1（Dior 品牌）

图8-2-60　综合手法在服装设计中的运用2（Dior 品牌）

图8-2-61　综合手法在服装设计中的运用3（Dior 品牌）

第三节　服装材料的二次设计在服装中的应用

在服装设计中，选择材料就像是做选择题，可以单选，也可以多选，最关键的是要运用得当。一套服装并不仅限于使用一种加工工艺，应该融会贯通，互相补充，遵循"用材料去思考，创造特征，然后用审美去把握"这种构成训练方式。材料通过二次设计后被服装设计师赋予了新的面貌，它既可以用于服装的局部设计，又可以用于整个服装之中。对普通的可穿性材料进行艺术加工，使材料具备了设计师个人的风格与特色，是现今服装发展潮流中的趋势之一。许多成功的设计师已将面料再造作为其标新立异的设计手段，三宅一生就是在材料创新上找到了设计的突破口，创造出独特而不可思议的织料，被称为"面料的魔术师"。

日本另一位设计大师川久保玲也是如此，在设计中他往往将70％的精力集中用于材料肌理的表现方面。因此，掌握一些材料再造技法，对于较好地表现服装创意是很有必要的。

　　但在服装造型设计时应注意服装形式美法则中的主次和强弱关系，若服装材料在二次设计后富有较强的立体感、层次感等特点，那么服装的款式造型设计和色彩搭配就应相对简洁，以突出材料设计的个性。反之，若服装的材料设计简单，那么服装的造型设计和色彩设计就应富于变化。下面列举一些服装材料的二次设计在服装中的应用，如图8-3-1至图8-3-11所示。

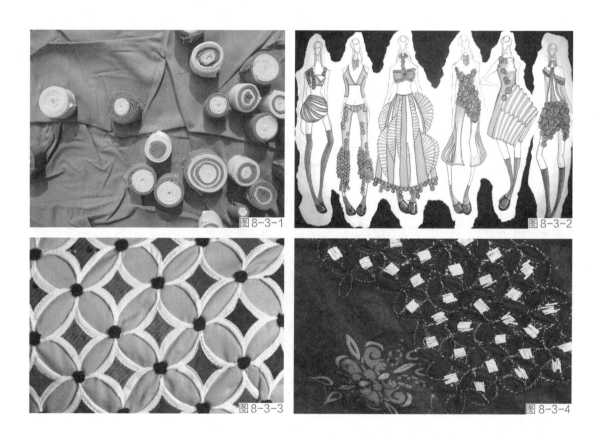

图8-3-1　面料二次设计在服装设计中的运用1（作者 李喜云）

图8-3-2　面料二次设计在服装设计中的运用2（作者 李喜云）

图8-3-3　面料二次设计在服装设计中的运用1（作者 朱莺）

图8-3-4　面料二次设计在服装设计中的运用2（作者 朱莺）

图8-3-5　面料二次设计在服装设计中的运用3（作者 朱莺）

图8-3-6　面料二次设计在服装设计中的运用1（Dior 品牌）

图8-3-7　面料二次设计在服装设计中的运用2（Dior 品牌）

图8-3-8　面料二次设计在服装设计中的运用3（Dior 品牌）

图8-3-9　面料二次设计在服装设计中的运用（Armani 品牌）

图8-3-10　面料二次设计在服装细节设计中的运用1

图8-3-11　面料二次设计在服装细节设计中的运用2

思考与练习

1 何谓加法原则？何谓减法原则？

2 如何运用重构法对服装面料进行再设计？

参考文献

1. 朱焕良，许先智. 服装材料. 北京：中国纺织出版社，2002.
2. 肖琼琼. 创意服装设计. 长沙：中南大学出版社，2008.
3. 陈东生，甘应进. 新编服装材料学. 北京：中国轻工业出版社，2003.
4. 姚穆，周锦芳. 纺织材料学. 北京：中国纺织出版社，2003.
5. 薛元. 现代服装材料及其应用. 杭州：浙江大学出版社，2005.
6. 李素英，侯玉英. 服装材料学. 北京：北京理工大学出版社，2009.
7. 鲁葵花，秦旭萍，徐慧明. 服装材料创意设计. 长春：吉林美术出版社，2009.
8. http://www.b2b99.com/hyzs/fz/607.htm
9. http://blog.sina.com.cn/s/blog_5ef7ba030100g63v.html

参考文献